# REIHE AUTOMATISIERUNGSTECHNIK

HERAUSGEGEBEN VON B. WAGNER UND G. SCHWARZE — BAND 59


Hans Fuchs und Wolfgang Weller

# Mehrfachregelungen

Springer Fachmedien Wiesbaden GmbH
BRAUNSCHWEIG

# REIHE AUTOMATISIERUNGSTECHNIK


RA 51    *Bode:* Lochkartentechnik

RA 52    *Paulin:* Kleines Lexikon der Rechentechnik und Datenverarbeitung

RA 53    *Greif:* Meßwert-Registriertechnik

RA 54    *Jeschke:* Kleines Lexikon der Betriebsmeßtechnik

RA 55    *Töpfer, u. a.:* Pneumatische Bausteinsysteme der Digitaltechnik

RA 56    *Weller:* Regelung von Dampferzeugern

RA 57    *Mütze:* Numerisch gesteuerte Werkzeugmaschinen

RA 58    *Heimann:* Radionuklide in der Automatisierungstechnik

RA 59    *Fuchs/Weller:* Mehrfachregelungen

RA 60    *Queisser:* Instandhaltung von Automatisierungsanlagen

RA 61    *Peschel:* Einführung in die statistischen Methoden

RA 62    *Töpfer, u. a.:* Pneumatische Steuerungen

RA 63    *Kochan/Strempel:* Programmgesteuerte Werkzeugmaschinen und ihr Einsatz

RA 64    *Brenk/Eichner:* Integrierte Datenverarbeitung

RA 65    *Gensel:* Zerstörungsfreie Prüfverfahren

RA 66    *Worgitzki:* Elektrisch-analoge Bausteine der Antriebstechnik

RA 67    *Kerner:* Praxis der ALGOL-Programmierung

RA 68    *Pankalla:* Aufbau und Einsatz von Prozeßrechenanlagen

RA 69    *Timpe:* Ingenieurpsychologie und Automatisierung

RA 70    *Böhme:* Periphere Geräte der digitalen Datenverarbeitung

RA 71    *Dutschke/Grebenstein:* BMSR-Einrichtungen in explosionsgefährdeten Betriebsstätten

RA 72    *Müller:* Automatisierungsanlagen

RA 73    *Paulin:* FORTRAN — Kodierung von Formeln

RA 74    *Paulin:* FORTRAN — Datenbeschreibung und Unterprogrammtechnik

RA 75    *Gottschalk:* Darstellungen und Symbole der Automatisierungstechnik

RA 76    *Hart:* Kontinuierliche Flüssigkeitsdichtemessung

RA 77    *Börnigen:* Elektronische Datenverarbeitungsanlage Robotron 300

RA 78    *Krebs:* Rechner in industriellen Prozessen

RA 79    *Böhme/Born:* Programmierung von Prozeßrechnern

RA 80    *Lemgo/Tschirschwitz:* Programmierung des Robotron 300 — Zentraleinheit

RA 81    *Lemgo/Tschirschwitz:* Programmierung des Robotron 300 — Peripherie

RA 82    *Mikutta:* Bauelemente der Industriepneumatik

RA 83    *Dörband u. a.:* Praxis der FORTRAN-Programmierung — Grundstufe

RA 84    *Dörband u. a.:* Praxis der FORTRAN-Programmierung — Oberstufe



ISBN 978-3-663-03157-4      ISBN 978-3-663-04346-1 (eBook)

DOI 10.1007/978-3-663-04346-1

Lektor: *Jürgen Reichenbach*

Bestellnummer: 5059





Einbandgestaltung: *Peter Kohlhase*

Ursprünglich erschienen bei VEB Verlag Technik, Berlin 1968.

# Vorwort

Der vorliegende Band der REIHE AUTOMATISIERUNGSTECHNIK ist zur Einführung in das Gebiet der Mehrfachregelung gedacht. Dieses moderne Gebiet der Regelungstechnik gewinnt infolge der steigenden Komplexität der Regelungsanlagen immer mehr an Bedeutung und wird bei der Projektierung von BMSR-Anlagen*) ständig mehr Berücksichtigung finden.

Besonderes Augenmerk wird dabei den Kopplungen der einzelnen Streckenteile untereinander und der Beseitigung ihrer Einflüsse auf die Regelgrößen geschenkt. Entsprechende Methoden der Behandlung von Mehrfachregelungen werden in diesem Band dargestellt.

Der Art der behandelten Probleme entsprechend müssen einige Anforderungen an den Leser bezüglich der Kenntnis der Regelungstechnik gestellt werden, insbesondere muß hier die Kenntnis solcher Begriffe, wie Übertragungsfunktion, in gewissem Grade vorausgesetzt werden.

Mit diesem Band der REIHE AUTOMATISIERUNGSTECHNIK ist eine der wenigen deutschsprachig zusammengefaßten Darstellung über das Gebiet der Mehrfachregelungen gegeben.

Wir möchten nicht versäumen, den Herausgebern, besonders **Herrn Dr.** *Schwarze*, für die wertvollen Hinweise und dem Institut für Regelungstechnik Berlin für die Möglichkeit, interessante Arbeiten auf dem Gebiete der Mehrfachregelung durchzuführen, zu danken.

Berlin und Kairo                                         *Die Verfasser*

---

*) **BMSR-Betriebs-Meß-Steuerungs** und Regelungstechnik.

# Inhaltsverzeichnis


1. Einleitung . . . . . . . . . . . . . . . . . . . . . . . . . 5

2. Begriffsbestimmung . . . . . . . . . . . . . . . . . . . . 5

3. Beispiele für Mehrfachregelstrecken . . . . . . . . . . . . . 8
3.1. Regelung von Reduzierstationen . . . . . . . . . . . . . 8
3.2. Regelung eines Turbogenerators . . . . . . . . . . . . . . 8
3.3. Regelung eines Dampferzeugers . . . . . . . . . . . . . . 10
3.4. Regelung von Systemen von Dampferzeugern und Verbrauchern . . . 12
3.5. Regelung eines Verbundsystems elektrischer Netze . . . . . . . . 14
3.6. Regelung im Dampfnetz . . . . . . . . . . . . . . . . . 15
3.7. Einige weitere Typen von Mehrfachregelungsobjekten . . . . . . . 16

4. Methoden zur Behandlung von Mehrfachregelungen . . . . . . . . 17
4.1. Signalflußplan . . . . . . . . . . . . . . . . . . . . . . 17
4.2. Beschreibung der Regelstrecke . . . . . . . . . . . . . . . 18
4.3. Beschreibung der Regeleinrichtung . . . . . . . . . . . . . 19
4.4. Geschlossener Regelkreis . . . . . . . . . . . . . . . . . 19
4.5. Kanonische Normalformen . . . . . . . . . . . . . . . . . 21
4.6. n-fach-Regelung . . . . . . . . . . . . . . . . . . . . . 22

5. Regelung von Mehrfachsystemen . . . . . . . . . . . . . . . 23
5.1. Entkoppelte Regelung von Mehrfachsystemen . . . . . . . . . 23
5.2. Nichtentkoppelte Mehrfachregelungssysteme . . . . . . . . . . 33

6. Analyse von Mehrfachregelungssystemen . . . . . . . . . . . . 36
6.1. Übersicht über die Analysenverfahren bei Mehrfachregelungssystemen 36
6.2. Funktionsanalyse . . . . . . . . . . . . . . . . . . . . . 39
6.3. Statistische Analyse . . . . . . . . . . . . . . . . . . . 42

7. Angenäherte Entkopplung von Mehrfachregelungen . . . . . . . . 45
7.1. Entkopplung durch PI-Regler . . . . . . . . . . . . . . . 46
7.2. Entkopplung durch PID-Regler . . . . . . . . . . . . . . . 47
7.3. Ergebnisse der angenäherten Entkopplung . . . . . . . . . . . 48

8. Einsatz von Rechnern bei Mehrfachregelungen . . . . . . . . . . 49
8.1. Übersicht über die Arten von Rechnern . . . . . . . . . . . . 50
8.2. Rechner als Hilfsmittel zur Behandlung von Mehrfachregelungen . . 51
8.3. Rechner als komplexer Mehrfachregler . . . . . . . . . . . . 54

9. Entwicklungstendenzen . . . . . . . . . . . . . . . . . . . 58

10. Anhang . . . . . . . . . . . . . . . . . . . . . . . . . . 59

Literaturverzeichnis . . . . . . . . . . . . . . . . . . . . . 61

Sachwörterverzeichnis . . . . . . . . . . . . . . . . . . . . 63

# 1. Einleitung

Bei der Projektierung von Regelanlagen wird häufig der Umstand außer
acht gelassen, daß Regelgrößen an einer Strecke nicht unabhängig voneinander sind, also eine gekoppelte Regelstrecke vorliegt. Diesen Tat-
bestand kann man schon oft aus den physikalischen Zusammenhängen
ersehen. Eine Regelung mit solchen Strecken führt zu einer Mehrfachregelung. Die Vernachlässigung der Kopplung bei der Projektierung führt
aber zu dem Ergebnis, daß die Regelkreise als unabhängig voneinander
angesehen werden.
Die Schwierigkeiten zeigen sich dann schnell bei der Inbetriebnahme
solcher Anlagen, wo eine optimale Abstimmung der Regelkreise sehr
langwierig ist und zu ungünstigen Einstellungen führen kann. Das erreich-
bare Optimum in bezug auf Stabilität und Einschwingzeiten ist oft unzu-
reichend.
Die Zunahme der Komplexität der Anlagen zwingen den Projektierungsingenieur zu einer intensiveren Behandlung der Regelkreise. Bei Ver-
fahrensuntersuchungen stößt er sehr schnell auf gegenseitige Kopplungen.

Deshalb sollte bei der Projektierung von Regelkreisen die Zeit für die
Durchrechnung einer Mehrfachregelung aufgebracht werden; sie wird sich
beim Einfahren der Anlage bestimmt bezahlt machen, vor allem dann,
wenn hohe Forderungen an das Einschwingverhalten und an die Genauigkeit der Regelungen gestellt werden. Die Berechnung der Mehrfachregelung ergibt Hinweise zur Veränderung der Regelanlage, die zur
vollständigen oder teilweisen Beseitigung der gegenseitigen Kopplung
führen.


# 2. Begriffsbestimmung

Der gewöhnliche Regelkreis enthält bekanntlich je eine Regel- und Stellgröße, wobei der Wirkungsablauf durch einen einfachen, in sich geschlossenen Signalflußkreis gekennzeichnet ist. Bei einer Reihe von Systemen
ergibt sich hingegen die Notwendigkeit, gleichzeitig mehrere Größen zu
regeln. Derartige Systeme verfügen dementsprechend über eine Anzahl
von Regel- und Stellgrößen und werden im internationalen Sprachgebrauch
als multivariabel bezeichnet.
Im allgemeinen Fall muß damit gerechnet werden, daß die in dem komplexen System ablaufenden Vorgänge nicht voneinander unabhängig sind,
sondern infolge vorhandener innerer oder äußerer Kopplungen sich gegen-
seitig beeinflussen. Das hat zur Folge, daß bei Änderungen einer Eingangsgröße — sei es durch Verstellung oder Störung — stets Änderungen
an mehr als einem Ausgang hervorgerufen werden, die ggf. mit völlig
unterschiedlichem Zeitverhalten erfolgen können. Zwischen den verschie-

denen Ein- und Ausgangsgrößen besteht somit ein verzweigter Wirkungsablauf. Sollen in einem solchen System gleichzeitig oder im Grenzfall auch
zeitlich gestaffelt (zeitmultiplex) mehrere Variable geregelt werden, dann
bezeichnet man diese Anordnung als Mehrfachregelungssystem.
Ein Mehrfachregelungssystem in allgemeiner Form zeigt Bild 1. Es enthält $m$ Eingangsgrößen $y_i$ ($i = 1, 2, \ldots, m$), durch deren Zusammenwirken die Verläufe der Ausgangsgrößen $x_j$ ($j = 1, 2, \ldots, n$) bestimmt
werden. Kann das System als linear angesehen werden, so läßt sich das

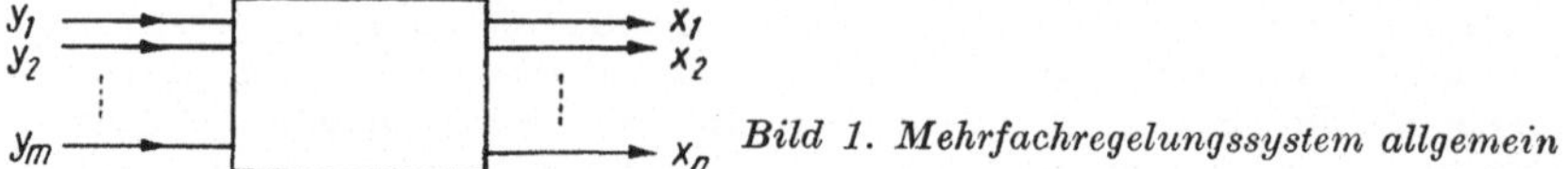

Bild 1. *Mehrfachregelungssystem allgemein*

Prinzip der störfreien Überlagerung (Superpositionsprinzip) anwenden.
Dann kann man sich den Verlauf einer Ausgangsgröße $x_j$ durch einfache
Addition der Einzelwirkungen auf Grund der Eingangsgrößen $y_1$ bis $y_m$
zusammengesetzt denken. Benutzt man die bereits aus der Behandlung

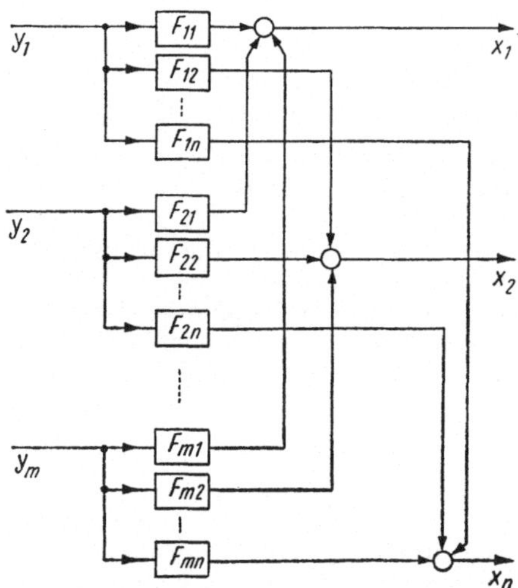

Bild 2. *Allgemeines Prinzip der
Signalkopplungen in linearen Mehrfachregelungssystemen*

von Einfachregelungssystemen bekannte Darstellung in Form von Signal-
flußbildern, so können unter den angegebenen Umständen Mehrfachregelungssysteme in der im Bild 2 gezeigten Weise dargestellt werden. Wie
ersichtlich, werden die bestehenden Beziehungen zwischen einer beliebigen
Ausgangsgröße $x_j$ und einer Eingangsgröße $y_i$ jeweils durch einen Block $F_{ij}$
symbolisiert. Das Gesamtverhalten des Systems wird dann durch die
Summe der Einzelwirkungen beschrieben, was durch die Mischstellen angedeutet wird.
In Regelungssystemen können sowohl Kopplungen auf Grund der Eigenschaften des komplexen Regelungsobjekts bestehen als auch durch entsprechende Wirkverbindungen auf der Reglerseite künstlich herbeigeführt

6

werden. Im Fall einer streckenseitigen Kopplung führt die Änderung einer
der Stell- oder Störgrößen zu Abweichungen der verschiedenen Regelgrößen. Umgekehrt bewirken Kopplungen der Regler, daß beim Auftreten
einer Regelabweichung entsprechend der jeweiligen Reglercharakteristik
Änderungen verschiedener Stellgrößen vorgenommen werden.

Werden die Betrachtungen aus Gründen der Übersichtlichkeit auf den
Elementarfall eines Mehrfachregelungssystems — die Zweifachregelung —
beschränkt, so zeigt Bild 3 das allgemeine Signalflußbild eines sowohl

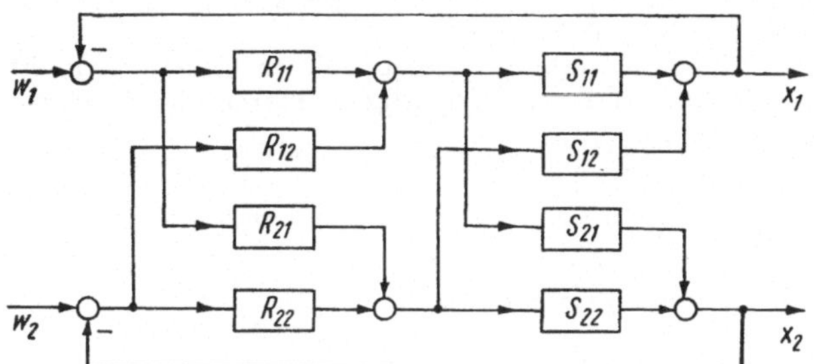

*Bild 3. Signalflußbild eines hinsichtlich der Strecken und auch der Regler wechsel-
seitig gekoppelten Zweifachregelungssystems*

strecken- als auch reglerseitig gekoppelten Systems. Die Blöcke $R_{ij}$ symbolisieren die Übertragungsglieder des Mehrfachreglers, während mit $S_{ij}$
die einzelnen Wirkungen der komplexen Strecke bezeichnet werden. Während die Glieder mit dem Index $i = j$ die Wirkungen zwischen den domi-
nierenden Ein- und Ausgangsgrößen bezeichnen und dementsprechend
Hauptregler bzw. Hauptstrecken genannt werden, entsprechen die Glieder
der Form $i \neq j$ den Koppelgliedern. Die Festlegung der Bezeichnungen
ist jedoch ohne prinzipielle Bedeutung, denn in verschiedenen Fällen ist
keine eindeutige Unterscheidung zwischen einer Haupt- und Neben-
wirkung möglich.

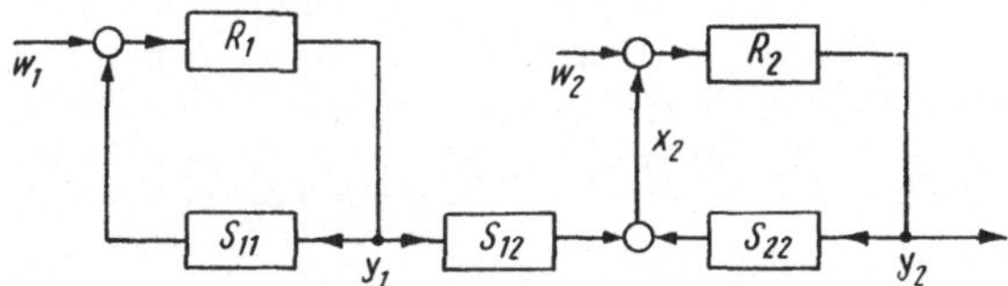

*Bild 4. Beispiel einer einseitigen Kopplung*

Bei den Arten der Kopplung ist ferner die positive und negative Kopplung zu unterscheiden. Die Bezeichnung richtet sich dabei nach dem
Vorzeichen des Koppelantriebs an der Mischstelle. Eine positive Kopplung
ist z. B. im Bild 5 b für beide Kreise gezeigt.

Neben dem allgemeinen Fall einer wechselseitigen Verkopplung, d. h. einer
bestehenden Wirkverbindung zwischen jeder der Eingangsgrößen und

jeder Ausgangsgröße, findet man in der regelungstechnischen Praxis zahlreiche Fälle, in denen nur eine einseitige Kopplung besteht.

Hierzu ist im Bild 4 das Prinzip einer einfachen Streckenkopplung in Verbindung mit ungekoppelten Reglern veranschaulicht. Die Darstellung folgt unmittelbar aus einer Umzeichnung von Bild 3, wenn die Glieder $R_{12}$, $R_{21}$ und $S_{21}$ Null gesetzt werden.

Wie ersichtlich, bewirkt hier die Stellgröße des Kreises $1$ ($y_1$) nicht nur eine Änderung der zugehörigen Regelgröße $x_1$, sondern beeinflußt ebenfalls die Regelgröße des zweiten Kreises, was durch das Koppelglied $S_{12}$ angedeutet wird. Demgegenüber bleiben Verstellungen von $y_2$ ohne Rückwirkungen auf das benachbarte Teilsystem.

Auf den Fall einer einseitigen Kopplung wird jedoch im folgenden nicht mehr gesondert eingegangen, da er in dem allgemeineren der wechselseitigen Kopplung mit enthalten ist.

## 3. Beispiele für Mehrfachregelstrecken

Diese Beispiele sollen häufig vorkommende Regelstrecken mit gekoppelten Regelgrößen zeigen und demonstrieren, daß bei weitergehenden Betrachtungen viele Regelgrößen gekoppelt sind, die bei der Auslegung der Regelkreise heute noch als unabhängig angesehen werden.

Alle in diesem Kapitel angegebenen Beispiele sind durch lineare Modelle approximiert. Diese Vereinfachung ist zur besseren Übersicht zulässig.

### 3.1. Regelung von Reduzierstationen

Die Regelstrecke besteht aus den zwei Behältern $B_1$ und $B_2$ und ihren Verbindungsleitungen (Bild 5a). Die beiden Regler $R_1$ und $R_2$ halten die Drücke $x_1$ bzw. $x_2$ konstant. Die einwirkenden Störungen sind die Entnahmen an den Stellen $Z_1$ und $Z_2$ und der Speisedruck $Z_3$.

Wird nur an einer Entnahmestelle entnommen, z. B. $Z_1$, so sinkt der Druck im Behälter $B_1$. Der Regler $R_1$ arbeitet, um den Druckabfall auszugleichen. Gleichzeitig findet über die Verbindungsleitung ein Druckausgleich zwischen den Behältern $B_1$ und $B_2$ statt, der den Regler $R_2$ zum Ansprechen bringt. Diese Kopplung tritt in beiden Richtungen auf. Der Signalflußplan dieser positiven wechselseitigen Kopplung wird im Bild 5b gezeigt. Bei der hier gezeigten 2-Behälter-Anordnung handelt es sich um eine Zweifachregelung [28].

### 3.2. Regelung eines Turbogenerators

Im Bild 6a ist ein Stromerzeuger dargestellt, der durch eine Dampfturbine angetrieben wird. An einem solchen Turbosatz werden Frequenz und Spannung geregelt. Da eine direkte Beziehung zwischen der Frequenz und der Drehzahl des Stromerzeugers besteht, reduziert sich das Problem auf eine Drehzahlregelung $R_1$ und auf eine Spannungsregelung $R_2$. Zwischen den beiden Regelkreisen liegt nun eine wechselseitige Kopplung vor,

8

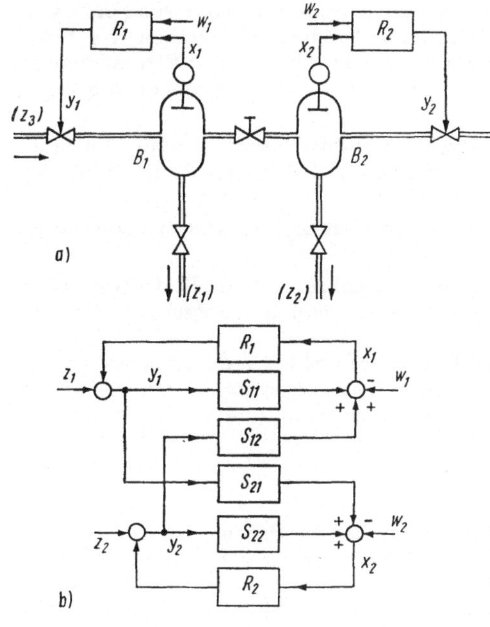



*Bild 5*
*Regelung von Reduzierstationen*
a) Prinzipbild;
b) Signalflußplan

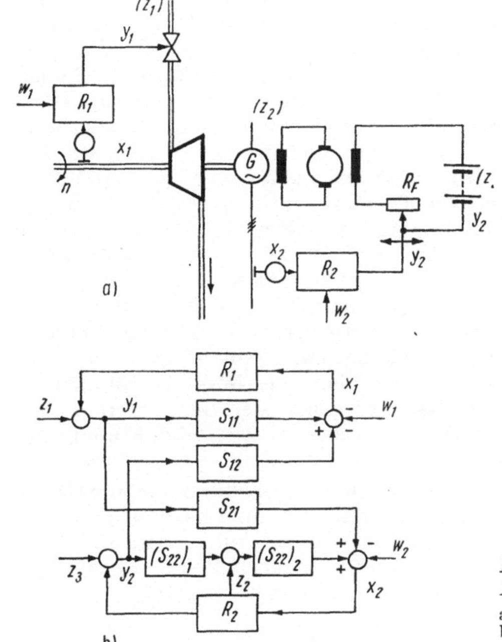



*Bild 6*
*Regelung eines Turbogenerators*
a) Prinzipbild;
b) Signalflußplan

da eine Änderung der Drehzahl auch eine Spannungsänderung mit sich
bringt. Eine Änderung der Spannung, z. B. durch Verstellen des Feld-
widerstands $R_F$, ändert die elektrische Leistung, die der Stromerzeuger
abgibt. Das wiederum ändert das mechanische Antriebsmoment und wirkt
sich auf die Drehzahl aus.

Der Regler $R_1$ (Drehzahlregelkreis) wirkt auf das Dampfventil der Turbine.
Der Regler $R_2$ greift über den Feldwiderstand der Erregermaschine des
Stromerzeugers ein.

Störgrößen sind hauptsächlich der Dampfdruck $Z_1$, der Netzwiderstand $Z_2$
und der Speisegang der Erregermaschine $Z_3$.

Der Signalflußplan dieser gekoppelten Regelung ist im Bild 6 b gezeigt.
Die Vorzeichen der Koppelglieder ergeben sich aus folgenden Überle-
gungen:
Eine Vergrößerung von $y_1$ erhöht die Drehzahl $x_1$, dadurch steigt die
Spannung $x_2$ (positive Kopplung). Ein Spannungsanstieg dagegen wirkt
sich senkend auf die Drehzahl aus (negative Kopplung) [28].


## 3.3.   Regelung eines Dampferzeugers

Dem Dampferzeuger obliegt die Aufgabe, die im Brennstoff chemisch ge-
bundene Energie in die thermische Form umzusetzen und diese einem
Wärmeträger — im allgemeinen Wasser (Dampf) — mitzuteilen. Diese
Wärmeleistung ist entsprechend dem Bedarf in wechselnder Menge bereit-
zustellen. Außerdem werden bestimmte Anforderungen an die Produkt-
qualität, d. h. an die Einhaltung bestimmter Werte des Drucks und der
Temperatur des abgenommenen Dampfstroms gestellt. Ferner wird eine
hohe Betriebssicherheit des technologischen Prozesses gefordert. So ist
beispielsweise bei Dampferzeugern nach dem Naturumlaufprinzip stets
dafür zu sorgen, daß in der Kesseltrommel der Wasserstand innerhalb
gewisser Grenzen gehalten wird. Es müssen auch gewisse Aggregate des
Dampferzeugers, wie z. B. die Überhitzerabschnitte oder Kohlemühlen,
vor Übertemperaturen bzw. zu großen Temperatur- oder Druckänderungs-
geschwindigkeiten geschützt werden. Man verlangt außerdem, daß die
Energieumsetzung mit einem möglichst hohen Wirkungsgrad vor sich geht.
Das bedeutet vor allem für den Verbrennungsvorgang die Zumessung einer
geeigneten Brennluftmenge zu jedem eingestellten Brennstoffstrom.
Schließlich läßt sich noch eine weitere Kategorie von Aufgaben unter-
scheiden, die durch den internen technologischen Ablauf gegeben sind.
Hierzu gehören u. a. die Verwirklichung einer bestimmten räumlichen
Lage des Verdampfungsendpunkts beim Bensonkessel, die Konstanz des
Niveaus in der Abscheideflasche des Sulzerkessels oder die Einhaltung
eines bestimmten Feuerraumdrucks.

Die Realisierung dieser vielfältigen Aufgaben ist heute ohne die Hilfe
der Regelungstechnik undenkbar. Beschränken wir uns hier auf den verhältnismäßig einfachen Typ des Dampferzeugers mit Naturumlauf[1]),
so bestehen zumindest für größere Dampferzeuger folgende Regelungs-
aufgaben:

[1]) Für eine eingehende Darstellung s. RA 56.

Regelung des Dampfdrucks (in der Kesseltrommel oder am Frischdampfaustritt),
Regelung von Dampftemperaturen (am Ende von Überhitzerabschnitten
und am Frischdampfaustritt),
Regelung des Trommelwasserstands,
Regelung der Verbrennungsgüte,
Regelung des Feuerraumdrucks.
Hierfür stehen für den Stelleingriff zur Verfügung
der Brennstoffstrom,
die Kühlwasser-(Einspritzwasser-)ströme,
der Speisewasserstrom,
der Brennluftstrom,
der Rauchgasstrom.

Die Besonderheit des Dampferzeugers als Regelstrecke besteht darin, daß
die verschiedenen Stell- und Regelgrößen teilweise in erheblichem Maß
untereinander verkoppelt sind. Der Dampferzeuger ist somit ein Objekt
mit ausgeprägtem Mehrfachregelungscharakter. Zur Erläuterung der verschiedenen Koppeleinflüsse werden wir nacheinander das Verhalten der
Regelgrößen bezüglich der einzelnen Stell- und Störgrößen betrachten.
Dem Dampfdruck im Kessel wird üblicherweise der Brennstoffstrom $q_B$
als Stellgröße zugeordnet. In einigen Fällen erfolgt jedoch auch die Stell-
beeinflussung über den Frischdampfstrom $q_D$. Bei Änderungen der Brenn-

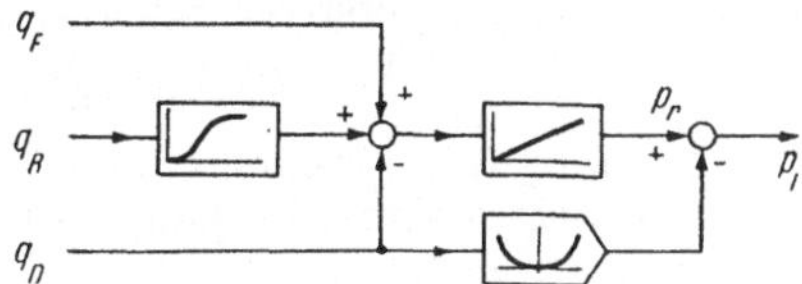

Bild 7. *Signalflußbild der Dampfdruck-
regelstrecke*

stoffzufuhr (Stelleingriff und Störung) zeigt der Dampfdruck im Kessel
einen verzögerten Vorgang ohne Ausgleich. Die Verzögerung resultiert
im wesentlichen aus der Feuerungsträgheit, dagegen kann die Integral-
wirkung durch das Speicherverhalten des Kessels erklärt werden. Ebenfalls ein integrales Verhalten ergibt sich bei Änderung des Frischdampf-
stroms. Hierbei wird das Gleichgewicht zwischen Dampferzeugung und
Verbrauch auf der Abströmseite des Speichers gestört. In ähnlicher Weise
wie der Brennstoffstrom — bei einigen Feuerungsarten jedoch weniger
stark — wirken sich Änderungen der Brennluftzuführung $q_L$ auf den
Dampfdruck aus. Als weitere Einflußgröße ist noch der Einspritzwasserstrom $q_E$ zu berücksichtigen, dagegen kann der Einfluß der Speisewasser-
zufuhr zumeist vernachlässigt werden. Bild 7 zeigt das Zusammenwirken
der verschiedenen Eingangsgrößen bezüglich des Trommeldrucks.
Für die Frischdampftemperatur als Regelgröße sind für das Gesamtverhalten auch die Übertragungseigenschaften des vor der eigentlichen
Regelstrecke gelegenen ungeregelten Überhitzerabschnitts von Bedeutung.
Wie aus Bild 8 ersichtlich ist, bestimmen zunächst der Brennstoff/Luft-
strom, der Dampfdruck in der Kesseltrommel sowie der Frischdampf-
und Einspritzwasserstrom den Temperaturverlauf des ankommenden

Dampfes $\vartheta_{VD}$. Diese Störgröße sowie der als Stellgröße dienende Einspritzwasserstrom $q_E$ bewirken ein annähernd gleiches Verhalten der Regelgröße Frischdampftemperatur $\vartheta_{FD}$. Dieses Übertragungsverhalten kann vielfach hinreichend durch die Kettenschaltung einer meist größeren Anzahl von Verzögerungsgliedern mit gleichen Zeitkonstanten angenähert werden. Wesentlich günstiger ist jedoch das Verhalten bezüglich der beiden anderen noch zu berücksichtigenden Störgrößen: dem Brennstoff/Luftstrom und dem Dampfstrom. Es kann zumeist durch ein Verzögerungsglied erster oder zweiter Ordnung approximiert werden.

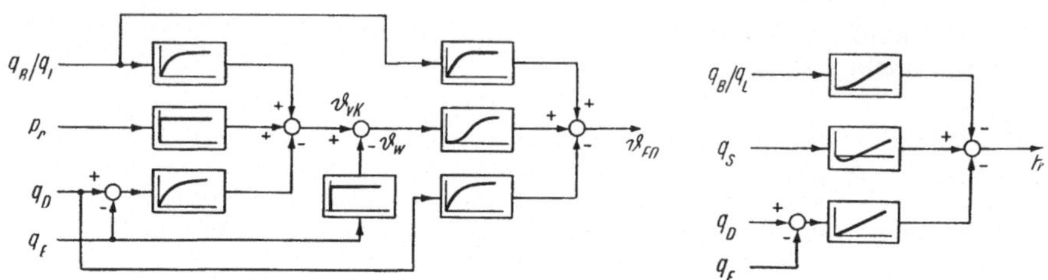

*Bild 8. Signalflußbild der Frischdampftemperaturregelstrecke*
*Bild 9. Signalflußbild der Wasserstandsregelstrecke*

Schließlich soll noch das Verhalten des Trommelwasserstands betrachtet werden (Bild 9). Als Stellgröße dient hier der Speisewasserstrom $q_S$, während als Hauptstörgrößen der Brennstoff-Luft-Strom $q_B$, $q_L$ und der Dampfstrom $q_D$ zu betrachten sind. Die Antwortfunktionen auf die drei genannten Einflußgrößen zeigen im Prinzip integrales Verhalten. Das Übertragungsglied mit der Eingangsgröße Speisewasserstrom kann bei ungünstiger Auslegung der Regelstrecke totzeitartige oder allpaßhaltige Anteile aufweisen.

Mit diesen kurzen, nicht annähernd vollständigen Darlegungen kann selbstverständlich nur ein kleiner Einblick in die Vermaschungsstruktur eines Dampferzeugers gegeben werden. Doch dürfte bereits hieraus zu erkennen sein, daß die Realisierung der eingangs angeführten Aufgaben mit regelungstechnischen Mitteln bei Außerachtlassung der bestehenden Kopplungen zu Fehlschlägen führen kann.

## 3.4. Regelung von Systemen von Dampferzeugern und Verbrauchern

Bildet schon der einzelne Dampferzeuger ein erheblich verkoppeltes Regelungssystem, so werden die Verhältnisse noch komplizierter, wenn mehrere Dampferzeuger und Dampfverbraucher über die entsprechenden Leitungen zu größeren Dampfsystemen zusammengeschaltet sind. Über die auf verschiedenem Druckniveau liegenden Dampfleitungen, Kondensat-, Speisewasser- und Einspritzwasserleitungen sowie die zwischen diesen Leitungen liegenden Aggregate, wie Speisepumpen, Hochdruckvorwärmer, Dampferzeuger, Zwischenüberhitzer, Reduzierstationen und Dampfturbinen, bestehen Wirkzusammenhänge von oftmals nicht mehr überschaubarer Komplexität.

Wir wollen hier die Betrachtungen auf ein verhältnismäßig einfaches Dampfsystem, bestehend aus zwei Dampferzeugern ohne Zwischenüberhitzung, zwei rückwirkungsfreien Dampfabnehmern (Reduzierstationen) sowie insgesamt fünf Leitungsabschnitten, beschränken, wie es im Bild 10

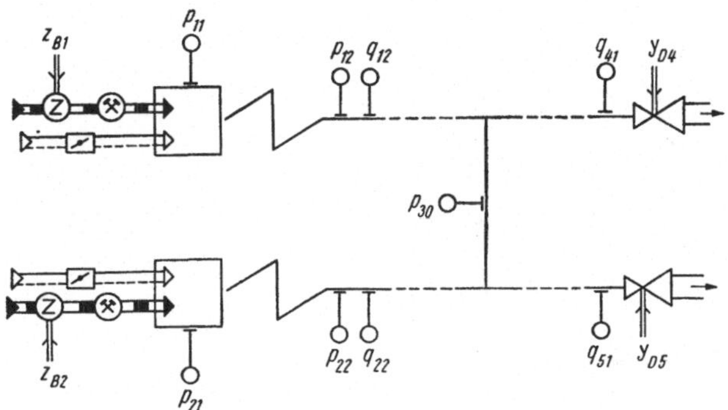

*Bild 10. Prinzipschaltbild eines Zweikesselsystems*

schematisch dargestellt ist. Als Eingangsgrößen dieses Systems sind die Brennstoff/Luftströme $q_{B1,2}$ der beiden Dampferzeuger sowie die Drosselöffnungen der Wandlerstationen $y_{3,4}$ zu berücksichtigen. Die Brennstoff/Luftströme setzen sich aus je einem stellbaren und einem Störanteil zusammen:

$$q_{B,L_i} = y_{B,L_i} + z_{B,L_i} \qquad (i = 1,2),$$

während die Drosselquerschnitte als reine Störgrößen betrachtet werden sollen:

$$q_{D_j} = z_{D_j} \qquad (j = 3,4).$$

In [4] wurde u. a. ein derartiges Dampfsystem theoretisch und experimentell untersucht. Die analytische Beschreibung des Übertragungsverhaltens führt auf sehr umfangreiche Ausdrücke. Aus diesem Grund ist es praktischer, wenn hier die Sprungantworten wichtiger Systemvariabler auf die betrachteten Eingangsgrößen $q_D$ und $q_{B,L}$ angegeben werden. Hierbei werden in Übereinstimmung mit Bild 10 folgende Variable beobachtet:

$p_{11}$, $p_{21}$    Trommeldrücke (mögliche Regelgrößen),

$q_{11}$, $q_{21}$    Frischdampfströme,

$p_{30}$    Sammelleitungsdruck (mögliche Regelgröße),

$q_{41}$, $q_{51}$    Verbraucherdampfströme.

Bild 11a und b zeigt je ein Beispiel der ermittelten Sprungantworten auf eine dampf- und brennstoffseitige Eingangsgröße. Aus dem ersten Diagramm ist ersichtlich, daß im Fall einer Dampfverbrauchsänderung beide

Trommeldrücke $p_{11}$ und $p_{21}$ in annähernd gleicher Weise beeinflußt werden. Während beide Verläufe in ihrem Anfangsbereich integrales Verhalten aufweisen, ergibt sich für den Sammelleitungsdruck $p_{30}$ als ebenfalls in Frage kommende Regelgröße ein PI-ähnliches Verhalten.

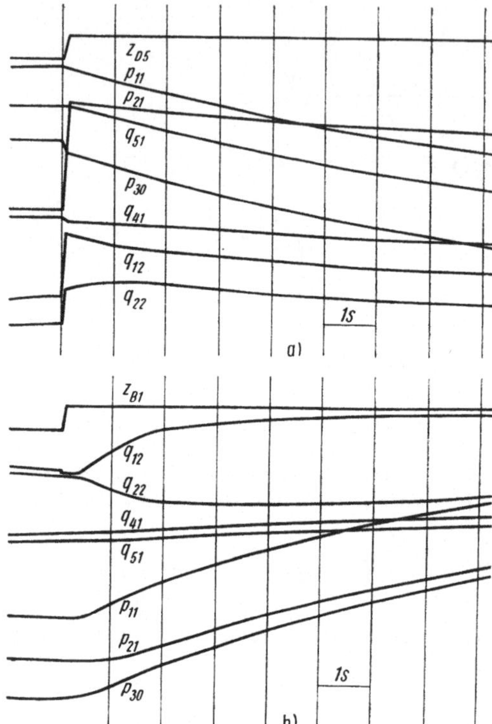


*Bild 11. Übergangsfunktionen des Zweikesselsystems*
a) bei Dampfverbrauchsstörung;
b) bei Brennstoffstörung und -vorstellung

Das Diagramm im Bild 11b veranschaulicht die Vorgänge im Fall einer Brennstoffänderung $z_{B1}$. Wie zu ersehen ist, wird hierdurch nicht nur der Trommeldruck des Kessels, an dem die Verstellung durchgeführt wurde, beeinflußt (d. h. $p_{11}$), sondern ein ebensolcher ,jedoch um mehr als die doppelte Verzugszeit zeitlich versetzter Vorgang im benachbarten Kessel 2 (vgl. $p_{21}$) ausgelöst. Wird nun ein solches System mit Einzelreglern ausgerüstet, so kann es zu Instabilitäten kommen, wie leicht gezeigt werden kann.

## 3.5.  Regelung eines Verbundsystems elektrischer Netze

Ein in der Literatur oft angegebenes typisches Beispiel für eine Mehrfachregelung [18] ist die Netzverbundregelung. Den Prinzipaufbau einer solchen Regelung zeigt Bild 12a. In elektrischen Netzen werden die Frequenz $x_1$ und die Übergabeleistung $x_2$ geregelt. Dabei dient der Turbosatz *1* zur Frequenzkonstanthaltung und der Turbosatz *2* zur Aufrechterhaltung einer notwendigen Übergabeleistung. Störgrößen dieses Systems sind die Dampfdrücke der beiden Turbinen $z_1$ und $z_2$ und die Netzwiderstände $z_3$ und $z_4$.

Beide Stromerzeuger sind durch das Netz so gekopplet daß sie mit einer Drehzahl laufen, die der Frequenz $x_1$ entspricht. Die beiden Stellgrößenänderungen wirken sich additiv auf $x_1$ aus. Ebenso kann die Übergabeleistung durch beide Stellgrößen beeinflußt werden.

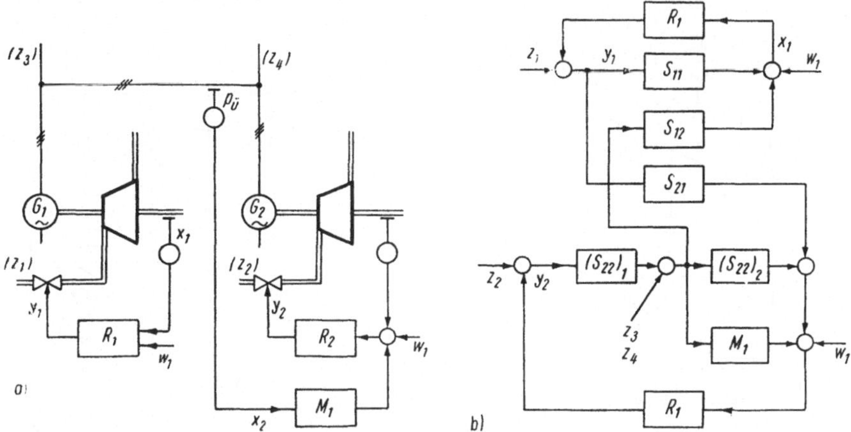

*Bild 12. Regelung eines elektrischen Verbundsystems*
a) Prinzipbild;
b) Signalflußplan

Um die Stellglieder nicht an den Anschlag laufen zu lassen, hat nur die Regeleinrichtung einer Turbine einen I-Anteil (Frequenzregler $R_1$); die andere Turbine wird durch ein P-Regler ($R_2$) geregelt. $R_2$ wird gleichzeitig durch den Übergabeleistungsregler $M_1$ beaufschlagt.

Es handelt sich im vorliegenden Fall um eine Zweifachregelung mit wechselseitiger Kopplung (Bild 12 b).

## 3.6. Regelung im Dampfnetz

Betrachtet wird ein System von Stromerzeugern, bestehend aus einer Hochdruckturbine und einer Niederdruckturbine.

Der Dampf eines Hochdrucknetzes (HD) entspannt sich über eine Hochdruckdampfturbine in ein Niederdrucknetz (ND), aus dem eine Niederdruckturbine gespeist wird. Die beiden Turbinen sind mechanisch gekoppelt (Bild 13). Regelgrößen dieses Systems sind die Drehzahl $n$ — ($x_1$) — und der Dampfdruck $p$ — ($x_2$) — des Niederdrucknetzes. Die Drehzahl wird über den Regler $R_1$ durch Veränderung der Dampfzufuhr zur Hochdruckturbine geregelt. Der Regler $R_2$ greift in die Dampfzufuhr der ND-Turbine ein.

Vergrößert $y_1$ die Öffnung des Ventils im HD-Netz, so erhöht sich die Drehzahl $x_1$ und erniedrigt sich der Druck $x_2$ (negative Kopplung). Vergrößert $y_2$ die Öffnung des ND-Ventils, so wird die Drehzahl $x_1$ und der Druck $x_2$ erhöht. Es liegt also eine Zweifachregelung mit wechselseitiger Kopplung vor. Das Blockschaltbild ist im Bild 13 b angegeben. Störgrößen dieses Systems sind die Belastung $z_1$ und die Drücke in den Dampfnetzen $z_2$ und $z_3$.

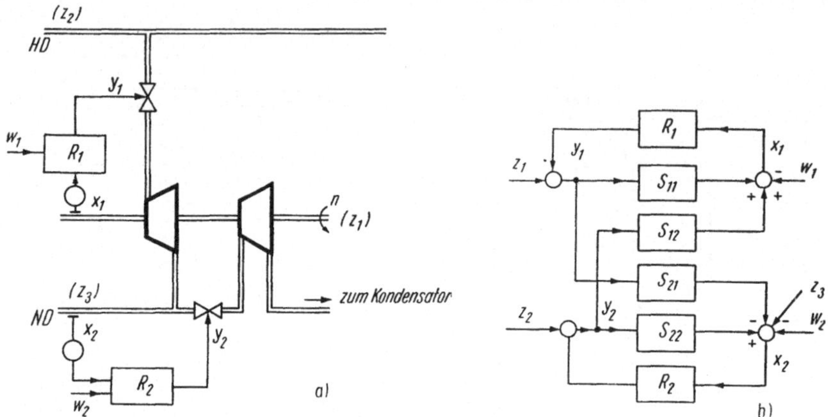

**Bild 13. Regelung eines Dampfsystems**
a) Prinzipbild;
b) Signalflußplan

## 3.7. Einige weitere Typen von Mehrfachregelungsobjekten

Auf weitere Regelstrecken mit gekoppelten Regelgrößen soll hingewiesen werden, um die Vielfalt der Mehrfachregelungen zu demonstrieren. Bekannt für gekoppelte Regelgrößen ist die Klimaregelung, bei der Temperatur und relative Feuchte nicht unabhängig voneinander eingestellt werden können und die deshalb immer auf eine Zweifachregelung führt (Bild 14).

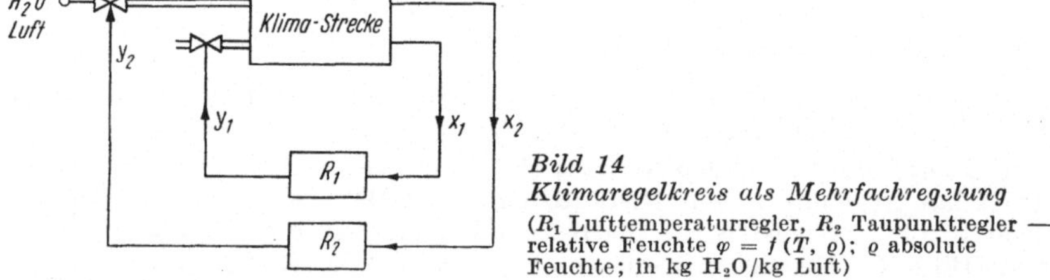

**Bild 14**
*Klimaregelkreis als Mehrfachregelung*
($R_1$ Lufttemperaturregler, $R_2$ Taupunktregler — relative Feuchte $\varphi = f(T, \varrho)$; $\varrho$ absolute Feuchte; in kg $H_2O$/kg Luft)

Weitere Mehrfachregelungen findet man in der Chemie. Unter den chemisch-technischen Anlagen ist die Regelung von Destillationskolonnen ein typisches Beispiel für eine Mehrfachregelung. Es sollen bei einer Destillation die Komponenten $A$ und $B$ durch ihre unterschiedlichen Siedetemperaturen aus einem Zweistoffgemisch getrennt werden. Man regelt dabei üblicherweise die Temperatur $x_1$, den Stand des Sumpfes $x_2$ und den Druck $x_3$ (Bild 15). Es ist diesem Prinzipbild zu entnehmen, daß es sich hierbei um eine Dreifachregelung handelt, deren Kopplungen bereits einen beträchtlichen Umfang annehmen. Die hier angegebene Darstellung einer Destillationskolonne ist stark vereinfacht. Eine regelungstechnische Beschreibung einer Kolonne stellt wesentlich höhere Anforderungen und ist ohne Einbeziehung von Nichtlinearitäten nicht möglich.

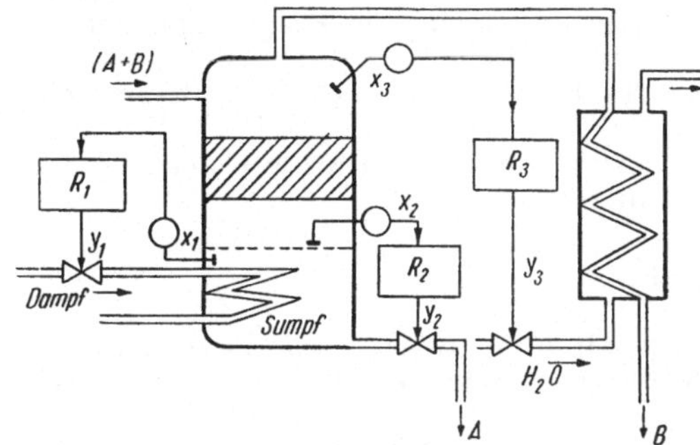


*Bild 15*
*Prinzipbild einer Regelung*
*einer Destillationskolonne*

Als nächstes sei die Regelung eines Turbokompressors erwähnt, bei dem die Regelung von Drehzahl und Druck im Gasnetz auf eine Zweifachregelung führt. Als letztes Beispiel sei die Tiefofenregelung genannt. Hierbei können bis zu sechs Regelgrößen auftreten, die nicht unabhängig voneinander sind (Temperatur, Herdraumdruck, Gasverhältnis, Luftverhältnis, Luft-Gas-Verhältnis und Rauchgasmengen-Rückführung). Diese Regelung würde zu einer Sechsfachregelung führen.

# 4.   Methoden zur Behandlung von Mehrfachregelungen

## 4.1.   Signalflußplan

Zur Analyse und Synthese von Steuerungs- und Regelungsproblemen bedient man sich zur Darstellung der Signalübertragung und des Signalflusses des Signalflußplans. Der Signalflußplan ist eine symbolische Darstellung der Signalübertragung und -verarbeitung durch Blöcke und Wirkungslinien [19] RA 40. Die einzelnen Blöcke veranschaulichen Abschnitte des Wirkungswegs eines Regelungs- und Steuerungsproblems. Die Blöcke sind Darstellungen von Übertragungsgliedern. Übertragungsglieder repräsentieren ein typisches Signalübertragungsverhalten, das durch statische und dynamische Kennwerte für lineare Modelle beschrieben wird. Der Signalflußplan veranschaulicht die funktionelle Wirkungsweise der Regelungsprobleme, s. z. B. die Bilder 1, 2, 3 u. a. m.

     

Die Beschreibung der Signalübertragung in den einzelnen Blöcken, den Übertragungsgliedern, geschieht für zeitlich konstante Parameter durch die Übertragungsfunktion, die die allgemeine Form

$$F\,(p) = \frac{a_n p^n + a_{n-1} p^{n-1} + \ldots + a_1 p + a_0}{b_m p^n + b_{m-1} p^{m-1} + \ldots + b_1 p + b_0}$$

hat. Die Koeffizienten $a_i$ und $b_i$ setzen sich aus den Zeitkonstanten und Übertragungsfaktoren der Übertragungsglieder zusammen (s. a. Anhang, Abschn. 10.).

Durch Ersetzen des Operators[1])$p$ durch $j\omega$ erhält man den Frequenzgang, mit dem das Übertragungsverhalten des Gliedes im Frequenzbereich beschrieben werden kann.

Die experimentelle Darstellung des Frequenzgangs ist im Anhang nachzulesen.

Bei der Behandlung von Mehrfachregelungen wird im weiteren der Frequenzgang zur Beschreibung benutzt.

## 4.2.  Beschreibung der Regelstrecke

Die regelungstechnischen Eigenschaften der Regelstrecke können wie bei einfachen Regelkreisen durch Frequenzgänge beschrieben werden [18] (s. Anhang).

Beschränkt man die Betrachtungen auf eine Zweifachregelung, so liegen zwei Eingangsgrößen $Y_1$ und $Y_2$ und zwei Ausgangsgrößen der Strecke $X_1$ und $X_2$ vor (Bild 16).[2]) Die Frequenzgänge der Teilstrecken werden

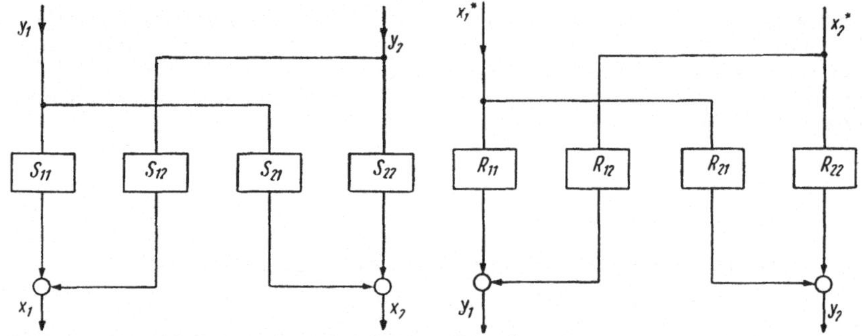


*Bild 16. Signalflußplan einer Zweifachregelstrecke*

*Bild 17. Signalflußplan einer Mehrfachregeleinrichtung*

mit $S_{ij}$ bezeichnet und kennzeichnen das Verhalten der Teilobjekte. Dabei deutet der erste Index auf die Wirkung und der zweite auf die Ursache hin. Im Bild 16 ist der Signalflußplan eines Mehrfachregelobjekts gezeigt.

[1]) Siehe hierzu RA 6, 2. Auflage, S. 14 und 15, sowie RA 36, S. 12 ff.
[2]) Im folgenden wird für $X_i$ (j$\omega$) = $X_i$ und für $Y_j$ (j$\omega$) = $Y_j$ geschrieben. In dieser Beziehung ist es auch gerechtfertigt, diese Größen Eingangs- bzw. Ausgangsgrößen zu nennen (analog zum Zeitbereich). Siehe auch RA 36.

Der Frequenzgang $S_{21}$ (j$\omega$) gibt z. B. die Wirkung von $X_1$ auf $Y_2$ an.
Die Beziehungen zwischen den Ausgangsgrößen $X$ und den Eingangsgrößen $Y$ der Regelstrecke können durch folgende Gleichungen beschrieben werden:

$$\left.\begin{aligned}
X_1 &= S_{11}\ (j\omega)\ Y_1 + S_{12}\ (j\omega)\ Y_2, \\
X_2 &= S_{21}\ (j\omega)\ Y_1 + S_{22}\ (j\omega)\ Y_2.
\end{aligned}\right\} \tag{1}$$

Das System Gl. (1) stellt die vollständige Beschreibung einer Zweifachregelstrecke dar.
Als Beispiel sollen die im Abschn. 3.1. (s. Bild 5) erwähnten Reduzierstationen dienen. Dort würden die Teilstrecken folgendes Verhalten interpretieren:

$S_{11}$ Einfluß des Druckes in $B_1$ auf den Zustrom $Z_3$ $(Y_1)$,

$S_{12}$ Einfluß des Druckes in $B_2$ auf $Y_1$,

$S_{21}$ Einfluß des Druckes in $B_1$ auf $Y_2$,

$S_{22}$ Einfluß des Druckes in $B_2$ auf die Ventilstellung $Y_2$.

## 4.3.  Beschreibung der Regeleinrichtung

In ähnlicher Weise wie die Regelstrecke kann die Beschreibung des Regelverhaltens der Regeleinrichtung mit Hilfe von Frequenzgängen erfolgen.
Die Eingangsgrößen der Regeleinrichtung sind die Regelgrößen $X_i{}^*$, die Ausgangsgrößen $Y_j$. Der Stern deutet darauf hin, daß die Regeleinrichtung im offenen Kreis beschrieben wurde, so daß im allgemeinen im offenen Kreis die Eingangsgrößen der Regeleinrichtung nicht den Ausgangsgrößen der Regelstrecke zu entsprechen brauchen.
Um die Kopplungen der Regelstrecke kompensieren zu können, wird der allgemeine Fall einer Zweifachregelung im Bild 17 gezeigt. Die Frequenzgänge der Regeleinrichtungen werden mit $R_{kl}$ (j$\omega$) bezeichnet.
Die Regeleinrichtungen $R_{12}$ und $R_{21}$ werden als Entkopplungsregler bezeichnet.

Für die im Bild 17 gezeigte Regeleinrichtung lautet das beschriebene Gleichungssystem:

$$\left.\begin{aligned}
Y_1 &= R_{11}\ (j\omega)\ X_1{}^* + R_{12}\ (j\omega)\ X_2{}^*, \\
Y_2 &= R_{21}\ (j\omega)\ X_1{}^* + R_{22}\ (j\omega)\ X_2{}^*.
\end{aligned}\right\} \tag{2}$$

Der erste Index deutet auch hier auf Wirkung und der zweite auf die Ursache hin.

## 4.4.  Geschlossener Regelkreis

Die Beschreibung des geschlossenen Regelkreises ergibt sich aus den Gleichungssystemen der Regelstrecken Gl. (1) und der Regeleinrichtung Gl. (2). Setzt man bei der Schließung voraus, daß $X_1 = X_1{}^*$ und $X_2 = X_2{}^*$ für den Fall einer Zweifachregelung ist, wie sie im Bild 18 gezeigt wird, so ergibt sich mit Eliminierung der Stellgrößen $Y_1$ und $Y_2$ in Gl. (2) und Einsetzung in Gl. (1) die Gleichung des geschlossenen Regelkreises:

$$X_1 = S_{11} \, (R_{11}X_1 + R_{12}X_2) + S_{12} \, (R_{22}X_2 + R_{21}X_1), \\ X_2 = S_{21} \, (R_{11}X_1 + R_{12}X_2) + S_{22} \, (R_{12}X_2 + R_{21}X_1). \tag{3}$$

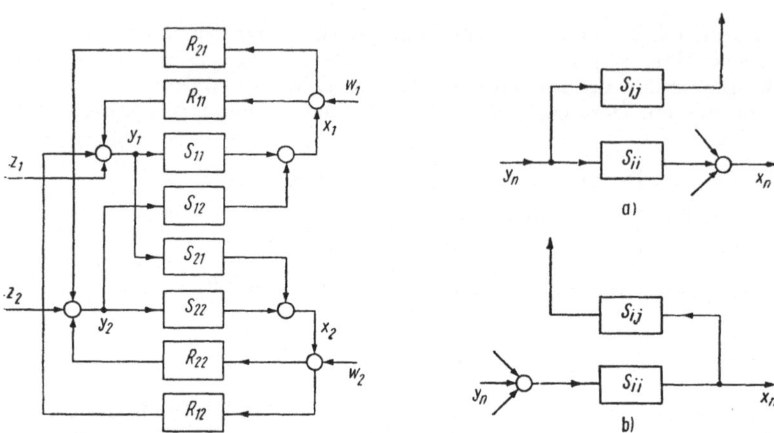

*Bild 18. Signalflußplan eines Mehrfachregelkreises*

*Bild 19. Prinzip der kanonischen Normalformen*

**a)** $p$-kanonische Normalform;
**b)** $v$-kanonische Normalform

Die Koeffizienten $S_{ij}$ und $R_{kl}$ sind die Frequenzgänge der Teilstrecken bzw. Teilregeleinrichtungen. Sie sind in Gl. (3) der Kürze wegen mit „als Funktion von $j\omega$" geschrieben worden. Exakt mußten die Koeffizienten $S_{ij}$ ($j\omega$) und $R_{kl}$ ($j\omega$) lauten.

Aus Gl. (3) ergibt sich

$$X_1 \, (S_{11}R_{11} + S_{12}R_{21} - 1) + X_2 \, (S_{11}R_{12} + R_{22}S_{12}) \qquad = 0, \\ X_1 \, (R_{11}S_{21} + S_{22}R_{21}) \qquad + X_2 \, (R_{12}S_{21} + S_{22}R_{22} - 1) = 0; \tag{4}$$

$$F_{11} = S_{11}R_{11} + R_{21}S_{12}, \\ F_{12} = S_{11}R_{12} + R_{22}S_{12}, \\ F_{21} = R_{11}S_{21} + S_{22}R_{21}, \\ F_{22} = S_{22}R_{22} + S_{21}R_{12}. \tag{5}$$

Setzt man die Abkürzungen der Gl. (5) in Gl. (4) ein, so ergibt sich für den geschlossenen Regelkreis

$$X_1 \, (F_{11} - 1) + X_2 \, F_{12} \qquad = 0, \\ X_1 \, F_{21} \qquad + X_2 \, (F_{22} - 1) = 0. \tag{6}$$

20

Die Koeffizienten $F_{ij}$ sind Frequenzgänge. Die Gl. (6) gilt für eine ungestörte Regelung.

Will man einen Mehrfachregelkreis auf Stabilität untersuchen, so kann man von dem System der Gl. (6) ausgehen. Für eine ungestörte Regelung ergibt die Lösung der Gl. (6) Dauerschwingungen. Ungedämpfte Schwingungen gleichbleibender Amplitude bedeuten aber die Stabilitätsgrenze. Die Lösungen der Gl. (6) ergeben also gerade die Stabilitätsgrenze [18].

Das System der Gl. (6) hat aber nur dann Lösungen, wenn die Determinante der Koeffizienten verschwindet, also

$$\begin{vmatrix} F_{11} - 1 & F_{12} \\ F_{21} & F_{22} - 1 \end{vmatrix} = 0. \tag{7}$$

Die Stabilitätsbedingung für eine Zweifachregelung kann dann zu

$$\begin{vmatrix} F_{11} - 1 & F_{12} \\ F_{21} & F_{22} - 1 \end{vmatrix} > 0 \tag{8}$$

angegeben werden. Das bedeutet, daß die Funktion

$$(F_{11} - 1)(F_{22} - 1) - F_{12}F_{21} > 0, \tag{9}$$

für alle Werte von $\omega = 0$ bis $\omega = \infty$ in der komplexen Ebene aufgetragen, eine Kurve ergibt, die für den Fall der Stabilität den Nullpunkt nicht umschließen darf (Analogie zum Nyquistkriterium). Die Kopplung wird durch die Größen $F_{12}$ und $F_{21}$ dargestellt. Aus ihnen kann der Einfluß der Kopplungen auf die Stabilität ermittelt werden.

Eine ungekoppelte Strecke $F_{12} = F_{21} = 0$ ergibt die Stabilitätsbedingung

$$(F_{11} - 1)(F_{22} - 1) > 0. \tag{10}$$

Die Stabilitätsbedingung zerfällt dabei in die Stabilitätsbedingungen der Einzelkreise

$$\left. \begin{array}{l} (F_{11} - 1) > 0, \\ (F_{22} - 1) > 0. \end{array} \right\} \tag{11}$$

## 4.5. Kanonische Normalformen

Da es für mehrere Regelgrößen an einem Objekt günstig erscheint, gewisse Strukturen von Mehrfachregelungen zu vereinbaren, sollen die von *Mesarovic* [1] angegebenen kanonischen Strukturen oder Normalstrukturen gezeigt werden. Als besonders bequem haben sich $p$-kanonische und $v$-kanonische Strukturen erwiesen. Beide Strukturen werden im Bild 19 gezeigt.

Im Gegensatz zu einem allgemeinen System, bei dem Eingangs- und Ausgangsgrößen über beliebige Signalflußlinien verbunden sein können, wird bei allen kanonischen Formen angenommen, daß zwischen jedem Eingang und jedem Ausgang nur eine Verbindung besteht, die durch lineare rückwirkungsfreie Übertragungsglieder $S_{ij}$ $(j\omega)$ zustande kommen. Die beiden kanonischen Systeme im Bild 19 unterscheiden sich dadurch, daß bei

allen $p$-Strukturen die Additionsstellen an den Ausgängen des Systems
und bei allen $v$-Strukturen an den Eingängen liegen. Beide Strukturen sind
quadratisch mit $n$ Eingängen und $n$ Ausgängen. Sie haben $n$ Haupt-
zweige $S_{ii}$ (j$\omega$) sowie $n$ ($n-1$) Koppelstrecken $S_{ij}$ mit $i \neq j$.

Für die rechnerische Behandlung hat sich die $p$-kanonische Struktur als
besonders günstig erwiesen. Liegt ein allgemeines System vor, das keine
quadratische Form aufweist und eine beliebige Struktur hat, so wird man
durch Einführen von zusätzlichen Übertragungsgliedern oder durch eine
Umrechnung auf eine $p$-kanonische Struktur versuchen, das System zu
normalisieren.

Da die in der Literatur angegebenen Berechnungsmethoden oft nur für
eine bestimmte Struktur gelten, ist es wichtig, zu beachten, von welcher
Struktur der Autor ausgeht. Die Normalstrukturen sind ein bestimmter
Rechentrick zur Behandlung von Mehrfachregelungen.

## 4.6. n-fach-Regelung

Es sollen jetzt die für die Zweifachregelung gefundenen Ergebnisse auf
eine $n$-fach-Regelung übertragen werden. Dabei sind $S_{ij}$ und $R_{ij}$ die Frequenzgänge der entsprechenden Glieder (Bild 20).

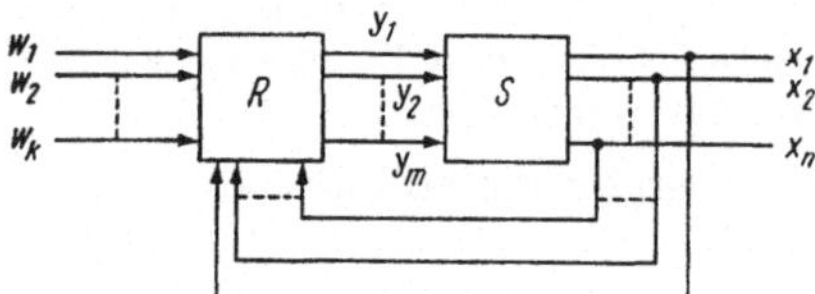


Bild 20. n-fach-Regelung

Die Strecke wird dann beschrieben durch folgendes Gleichungssystem
[s. Gl. (1) für eine Zweifachregelung]:

$$
\left.
\begin{aligned}
X_1 &= S_{11}Y_1 + S_{12}Y_2 + \ldots + S_{1m}Y_m, \\
X_2 &= S_{21}Y_1 + S_{22}Y_2 + \ldots + S_{2m}Y_m, \\
&\;\;\vdots \\
X_n &= S_{n1}Y_1 + S_{2n}Y_2 + \ldots + S_{nm}Y_m.
\end{aligned}
\right\}
\qquad (12)
$$

Das Gleichungssystem zur Beschreibung der Regeleinrichtung einer $n$-
fach-Regelung lautet [s. Gl. (2) für eine Zweifachregelung]:

$$
\left.
\begin{aligned}
Y_1 &= R_{11}X_1 + R_{12}X_2 + \ldots + R_{1n}X_n, \\
Y_2 &= R_{21}X_1 + R_{22}X_2 + \ldots + R_{2n}X_n, \\
&\;\;\vdots \\
Y_m &= R_{m1}X_1 + R_{m2}X_2 + \ldots + R_{mn}X_n.
\end{aligned}
\right\}
\qquad (13)
$$

Betrachtet man die Führungsgrößen $W_k$ bei der Aufstellung der Gleichungen der Regeleinrichtung, so ergibt sich Gl. (14)

$$
\left.
\begin{aligned}
Y_1 &= R_{11}X_1 + R_{12}X_2 + \ldots + R_{1n}X_n \\
&\quad + R_{11}{}'W_1 + R_{12}{}'W_2 + \ldots + R_{12}{}'W_k, \\
Y_2 &= R_{21}X_1 + R_{22}X_2 + \ldots + R_{2n}X_n \\
&\quad + R_{21}{}'W_1 + R_{22}{}'W_2 + \ldots + R_{2k}{}'W_k, \\
&\;\vdots \\
Y_m &= R_{m1}X_1 + R_{m2}X_2 + \ldots + R_{mn} \\
&\quad + R_{m1}{}'W_1 + R_{m2}{}'W_2 + \ldots + R_{mk}{}'W_k.
\end{aligned}
\right\}
\tag{14}
$$

Die Frequenzgänge $R_{kl}{}'$ (j$\omega$) beschreiben den Einfluß der Führungsgröße $W_i$ auf die Stellgrößen $Y_j$.

Betrachtet man die Stabilitätsbedingungen einer $n$-fach-Regelung, so läßt sie sich analog zu Gl. (10) angeben:

$$(-1)^n \, F > 0, \tag{15}$$

wobei die Determinante $|\,F\,|$ den Aufbau

$$
\begin{vmatrix}
(F_{11}-1) & F_{12} \ldots F_{1n} \\
F_{21}\,(F_{22}-1) & F_{2n} \\
\vdots & \\
F_{n1}\,F_{n2} & (F_{nn}-1)
\end{vmatrix}
\tag{16}
$$

hat.

Für eine vollständig entkoppelte Regelung (d. h. $F_{ij} = 0$ für alle $i = j$) lautet die Stabilitätsbedingung

$$(-1)^n \, (F_{11}-1)(F_{22}-1)(F_{33}-1) \ldots (F_{nn}-1) > 0. \tag{17}$$

Weitere Gleichungen für die $n$-fach-Regelung anzugeben hat wenig Bedeutung, da sie bei Bedarf selbst anhand der angegebenen Beispiele ermittelt werden können.

## 5.  Regelung von Mehrfachsystemen

### 5.1.  Entkoppelte Regelung von Mehrfachsystemen

Das wesentliche Merkmal eines Mehrfachregelungssystems besteht darin, daß die verschiedenen Signaleingangsgrößen jeweils mit mehreren Ausgangsgrößen wirkungsmäßig verkoppelt sind. Die gegenwärtig wichtigste Methode der Regelung derartiger multivariabler Objekte besteht darin,

daß die inneren Kopplungen durch Anwendung äußerer Maßnahmen, d. h.
unter alleiniger Verwendung der $n$ Ein- und $m$ Ausgänge, aufgehoben
werden, so daß die einzelnen Variablen ohne gegenseitige Beeinflussung
geregelt werden können. Man spricht dann von einer Autonomisierung
des Systems. Unter diesen Umständen kann dann jedes entkoppelte System
wie ein Einzelregelkreis eingestellt werden.

Das beschriebene Verhalten wird erreicht, indem zu den bestehenden
Streckenkopplungen noch künstliche reglerseitige Verbindungen eingeführt
werden. Diese Regeleinrichtung ist hierbei so zu bemessen, daß die Wirkungen der Änderung einer Eingangsgröße auf die verschiedenen Ausgangsgrößen sowohl im stationären Zustand als auch während des Übergangsprozesses gerade kompensiert werden, indem gewisse stellbare Variable in einer geeigneten Weise verändert werden.

### 5.1.1. *Arten der Entkopplung*

Bei einem Mehrfachregelungssystem können im Prinzip Führungs- und
auch Störgrößen als Eingangsvariable auftreten. Die Entkopplung eines
Systems kann sich auf jede dieser Arten beziehen. Unter Autonomie im
engeren Sinn versteht man hierbei die Entkopplung bezüglich der Regler-
führungsgrößen (Führungsautonomie). Durch ein besonderes Entkopplungsnetzwerk wird bewirkt, daß sich Änderungen einer Führungsgröße
nur jeweils auf die zugeordnete Regelgröße auswirken. Hingegen werden
die Begriffe Invarianz bzw. Störautonomie verwendet, wenn jede Störgröße nur eine Regelgröße beeinflußt, so daß ihre Ausregelung nur innerhalb dieser einen Schleife stattfindet. Schließlich besagt Eigenautonomie,
daß Änderungen einer Regelgröße (beispielsweise während des Ausregel-
vorgangs) ohne Wirkung auf die übrigen Regelgrößen bleiben [2].

Nach diesen prinzipiellen Ausführungen wenden wir uns im folgenden
der Frage nach den notwendigen Bedingungen für die Autonomisierung
einer gegebenen Mehrfachregelstrecke zu. Die Lösung dieses Problems
wurde wohl erstmalig von *Boksenboom* und *Hood* [5] für den Fall der
Führungsautonomisierung eines speziellen Systems angegeben. Seit der
Einführung des Matrizenkalküls zur mathematischen Beschreibung von
Mehrfachregelungssystemen durch *Kavanagh* [6] ist es üblich, die Entkopplungsbedingungen in Matrizenform anzugeben. Wir wollen hingegen
versuchen, ohne diese speziellen Kenntnisse auszukommen.

Nach den Ergebnissen von Abschn. 4.5. werden Mehrfachregelungssysteme
in Form von normalisierten Strukturen dargestellt, wobei sowohl die $p$-
als auch die $v$-kanonischen Strukturen als besonders vorteilhaft erkannt
wurden. Für die weiteren Betrachtungen werden wir uns auf die Angabe
der mathematischen Entkopplungsbedingungen in $p$-Struktur beschränken. Eine Umrechnung der Bedingungen auf die Verhältnisse bei
vorliegender $v$-kanonischer Struktur ist unter Benutzung von Transfor-
mationsregeln zwar durchführbar, jedoch kann sich hierbei unter Umständen ergeben, daß die Entkopplungsnetzwerke nicht mehr realisiert
werden können.

Im folgenden betrachten wir den allgemeinen Fall eines Mehrfachregelungssystems mit $n$ Führungsgrößen $w_1$, $w_2$, ..., $w_n$, den Störgrößen
$z_1$, $z_2$, ..., $z_n$ sowie den Regelgrößen $x_1$, $x_2$, ..., $x_n$. Im Bild 21 wird

hierfür eine vereinfachte Darstellung benutzt, in der eine gepfeilte Linie nicht mehr ein einzelnes Signal, sondern einen ganzen Satz gleichartiger Signale bezeichnet. Zur Unterscheidung vom Einzelsignal verwenden wir die entsprechenden Großbuchstaben, d. h. also $X$ für die Regelgrößen, $Y$ für die Stellgrößen und $Z$ für die Störgrößen. Die Blöcke $R$ und $S$ symbolisieren den komplexen Regler sowie die Mehrfachregelstrecke.

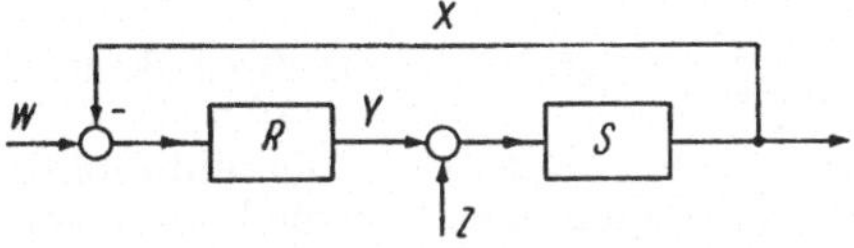


*Bild 21. Verkürzte Darstellung des Signalflußbilds eines Mehrfachregelungssystems*

Die Regelgrößen werden bestimmt durch

$$x_i = \sum_{j}^{n} S_{ij}\, y_j + \sum_{j}^{n} S_{ij}\, z_j \qquad (1 \leq i,\, j \leq n). \tag{18}$$

Für die Stellgrößen gilt die Beziehung

$$y_j = \sum_{i}^{n} R_{ji}\, w_i - \sum_{i}^{o} R_{ji}\, x_i. \tag{19}$$

Nach Schließung des Kreises erhält man dann ein Gleichungssystem der Art

$$x_i = \sum_{j}^{n} S_{ij}\, z_j + \sum_{j}^{n} S_{ij} \sum_{i}^{n} R_{ji}\, w_i - \sum_{j}^{n} S_{ij} \sum_{i}^{n} R_{ji}\, x_i. \tag{20}$$

### 5.1.2. *Bedingungen für die Führungsautonomie*

Hier wollen wir die Bedingungen untersuchen, unter denen eine Entkopplung hinsichtlich der Führungsgrößen erfolgt. Aus Gründen einer Vereinfachung werde von dem Auftreten irgendwelcher Störgrößen zunächst abgesehen ($z_j \equiv 0$).
Die Ermittlung der Reglerübertragungsfunktionen $R_{ji}$ bei Führungsautonomie erforderte bei der gewählten Form der Darstellung die Auflösung des Systems der Gl. (20) nach den Reglern $R_{ji}$ unter Berücksichtigung der Forderung, daß alle Einflüsse auf die Regelgrößen $x_k$ ($k \neq i$; $1 \leq k \leq n$) für beliebige Führungsgrößenänderungen $w_i$ verschwinden. Wir beschränken uns hier auf die Angabe der Entkopplungsbedingungen für den Zweifachregelkreis ($n = 2$). Bei Vorwärtsschaltung der Regler und $p$-kanonischer Streckenstruktur ergibt sich dann für die Hauptregler

$$R_{11} = KR_1, \tag{21a}$$

$$R_{22} = KR_2 \tag{21b}$$

mit

$$K = \frac{1}{1 - \dfrac{S_{12}\, S_{21}}{S_{11}\, S_{22}}}. \tag{21c}$$

Für die beiden Entkopplungsregler lautet die Bedingung

$$R_{12} = -R_{22}\,\frac{S_{12}}{S_{11}}\;,$$

(21d)

$$R_{21} = -R_{11}\,\frac{S_{21}}{S_{22}}\;.$$

(21e)

Das adäquate Signalflußbild eines autonomisierten Zweifachregelkreises der erläuterten Struktur zeigt Bild 22.
Die Wirkung der Entkopplungsregler läßt sich anhand des Signalflußbilds gut verfolgen. Ändert sich eine der Führungsgrößen, beispielsweise $w_1$, so soll sich diese nach Voraussetzung nur auf die zugehörige Regelgröße, d. h. also auf $x_1$, bemerkbar machen. Da sich $w_1$ infolge der Wirkung des Reglers $R_{11}$ nicht nur über den Streckenabschnitt $S_{11}$ auf $x_1$, die Ausgangsgröße, sondern über das Koppelglied $S_{21}$ auch auf $x_2$ auswirkt, muß mit

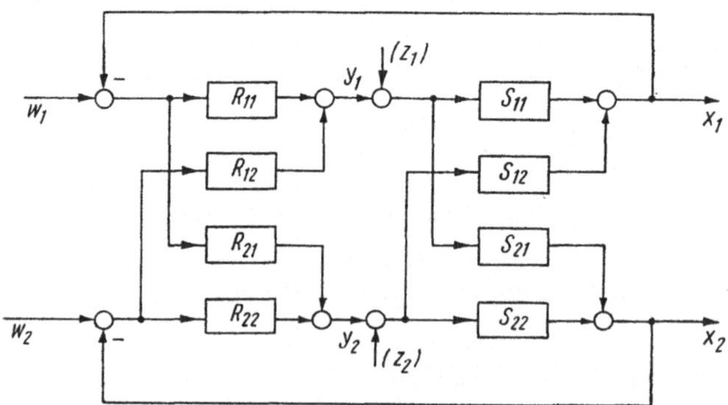


*Bild 22. Signalflußbild eines autonomen Zweifachregelungssystems*

der Verstellung von $w_1$ über den Entkopplungsregler $R_{21}$ und die Hauptstrecke $S_{22}$ ein zeitlich gleichlaufendes, jedoch im umgekehrten Sinn wirkendes Kompensationssignal erzeugt werden, so daß sich beide Wirkungen an der Mischstelle gerade kompensieren. Diese Bedingung kann durch die Beziehung

$$R_{11}S_{21} = -R_{21}S_{22}$$

ausgedrückt werden, die mit Gl. (21e) übereinstimmt. In ähnlicher Weise läßt sich die Autonomisierung des Systems hinsichtlich der Führungsgröße $w_2$ erläutern, die eine geeignete Bemessung des Entkopplungsreglers $R_{12}$ [Gl. (21d)] voraussetzt.
Wie gezeigt wurde, werden für die Autonomisierung eines Zweifachregelungssystems je zwei Entkopplungs- und Hauptregler benötigt. Im Fall eines Systems mit drei wechselseitig gekoppelten Variablen ergeben sich sechs Entkopplungsregler sowie drei Hauptregler. Bei einer Verallgemeinerung auf ein $n$-variables System sind somit insgesamt $n\,(n-1)$

26

Entkopplungs- sowie $n$ Hauptregler erforderlich. Wirkt jede der Eingangsgrößen jedoch nur auf einen Teil der Ausgangsgrößen, so reduziert sich der Bedarf an Entkopplungsreglern entsprechend.

Mit dem nachfolgend behandelten Beispiel eines autonomen Zweifachregelungssystems soll zunächst der Rechnungsgang bei der Ermittlung der Haupt- und Entkopplungsregler verdeutlicht werden. Es werden folgende Strecken zugrunde gelegt:

$$S_{11} = S_{22} = \frac{1}{(1 + 0,1\,p)^3}\,,$$
$$S_{12} = -\,S_{21} = \frac{1}{1 + 0,2p}\,. \tag{22}$$

Als erstes sind die Übertragungsfunktionen der Regler $R_1$ und $R_2$ für das unverkoppelte System nach einem der üblichen Syntheseverfahren zu bestimmen. Anschließend wird das Korrekturglied nach Gl. (21c) berechnet. Damit können den Übertragungsfunktionen der beiden Hauptregler $R_{11}$ und $R_{22}$ gemäß Gl. (21a) und Gl. (21b) angegeben werden. Im vorliegenden Fall wurde hierfür erhalten

$$R_{11} = R_{22} = \frac{1,8}{0,25p}\,(1 + 0,025p)\,. \tag{23}$$

Die Berechnung der Entkopplungsregler bei Führungsautonomie erfolgt nach Gl. (21d) und Gl. (21e) und liefert

$$R_{12} = -\,R_{21} = \frac{1,8}{0,25p}\,(1 + 0,25p)\,\frac{(1 + 0,1p)^3}{(1 + 0,2p)}\,. \tag{24}$$

Diese Reglergleichungen sind für eine Realisierung zu kompliziert und werden durch den einfacheren Ausdruck

$$\overline{R}_{12} = -\,\overline{R}_{21} = \frac{1,8}{0,25p}\,(1 + 0,25p)\,(1 + 0,11p) \tag{25}$$

approximiert.[1]

Das auf diese Weise festgelegte System wird anschließend experimentell untersucht. Durch Vergleich mit dem entsprechenden Verhalten des nichtentkoppelten Systems soll außerdem ein gewisser Eindruck von der durch die Einführung der Autonomisierung erreichten Verbesserung vermittelt werden. Zunächst wird das System bezüglich seines Verhaltens bei Führungsgrößenänderungen, für das es ja ausgelegt ist, getestet. Infolge der symmetrischen Anordnung genügt es hierbei, wenn der Einfluß einer Größe, beispielsweise von $w_2$, untersucht wird.

Das Kurvenpaar im Bild 23a zeigt hierzu die Verläufe der beiden Regelgrößen $x_1$ und $x_2$ des antonomen Systems. Wie ersichtlich, wird die Va-

---

[1] Verfahren zur Approximation sind im Abschn. 7 angegeben.

riable $x_1$ durch die Änderung von $w_2$ praktisch nicht beeinflußt. Der
Regler $R_{11}$ braucht somit nicht einzugreifen. Die beiden Kurven im Bild
23 b veranschaulichen das Verhalten, nachdem die Entkopplungsregler ab-
geklemmt wurden. Aus dem Vergleich der Kurvenpaare ist die sabilisie-
rende Wirkung der Reglerkopplungen ersichtlich. Anschließend wird das

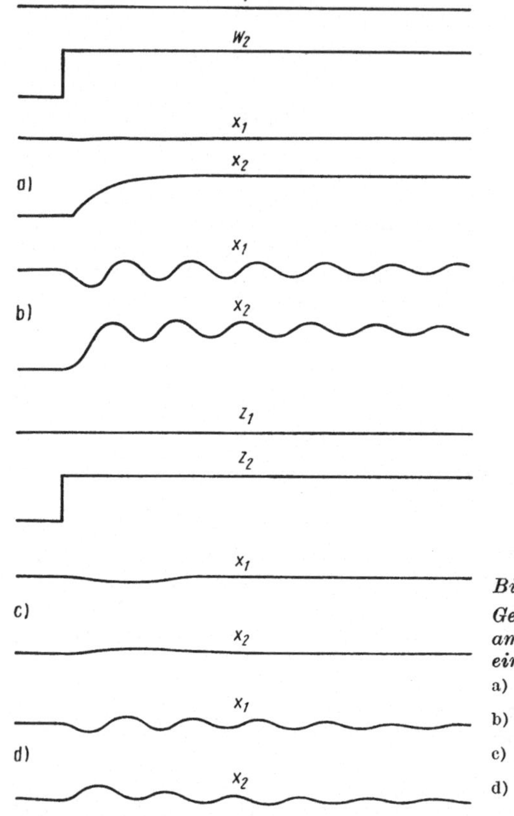



*Bild 23*

*Gemessene Übergangsfunktionen
am Beispiel
eines Zweifachregelungssystems*

a) bei Änderung einer Führungsgröße
und autonomem System;
b) bei Änderung einer Führungsgröße
und nichtautonomem System;
c) bei Änderung einer Störgröße und
autonomem System;
d) bei Änderung einer Störgröße und
nichtautonomem System

Verhalten des autonomen Systems hinsichtlich der Störgröße $z_2$ untersucht. Hierbei wurden die Kurven im Bild 23 c ermittelt, deren Verlauf
sicherlich günstig beurteilt werden darf. Es muß jedoch betont werden,
daß ein hinsichtlich der Führungsgrößen autonomisiertes System nicht
notwendigerweise auch ein gutes Störverhalten aufweist, und zwar werden
die Verhältnisse besonders dann ungünstiger, wenn eines oder mehrere
der Übertragungsglieder eine I-Charakteristik aufweisen.

Bild 23 d zeigt wiederum den Verlauf der Regelgrößen bei Aufhebung der
Reglerkopplungen. Auch hier ist wieder eine Stabilitätsverschlechterung
erkennbar.

### 5.1.3. *Bedingungen für die Invarianz*

Bei der Behandlung der Invarianz (Störautonomie) eines Systems sollen
Verstellungen der Führungsgrößen vorerst nicht betrachtet werden. Die
Entkopplungsbedingung folgt hier aus der Forderung, daß sich Änderungen einer Störgröße $z_i$ nur auf die Regelgröße $x_i$ auswirken dürfen,
während Beeinflussungen auf die Regelgrößen $x_k$ ($k \neq i$) unterdrückt
werden. Bei der Ermittlung des hierfür erforderlichen Reglerverhaltens
gehen wir zweckmäßig von dem im Bild 24 dargestellten Signalflußbild

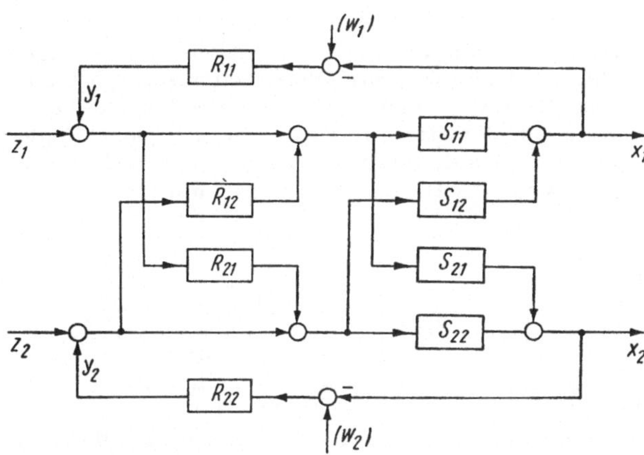


*Bild 24. Signalflußbild eines invarianten Zweifachregelungssystems*

aus. Damit der Einfluß der Störgröße $z_1$ auf das Ausgangssignal $x_1$ beschränkt bleibt, muß gewährleistet werden, daß die durch das Kopplungsglied $S_{21}$ symbolisierte Beeinflussung der Regelgröße $x_2$ durch Wahl
eines entsprechenden Übertragungsverhaltens im Parallelzweig $R_{21}S_{22}$
gerade aufgehoben wird. Hieraus ergibt sich die Bedingung

$$S_{21} = -\, R_{21}S_{22}.$$

Da die Strecken als gegeben zu betrachten sind, folgt für den Regler

$$R_{21} = -\, \frac{S_{21}}{S_{22}}. \tag{26a}$$

Wendet man die gleiche Betrachtung auf die Störgröße $z_2$ an, so lautet
die Bedingung

$$R_{12} = -\, \frac{S_{12}}{S_{11}}. \tag{26b}$$

Zur Ausregelung der Störgrößen des invarianten Systems nach Bild 24
dienen die beiden Hauptregler $R_{11}$ und $R_{12}$. Wie man anhand der Abbil-

dung leicht nachprüfen kann, bestehen ihre zugeordneten „Regelstrecken"
aus den Geradeausgliedern sowie den Gliedern des jeweiligen Entkopplungszweigs. Somit ist der Regler $R_{11}$ der „Strecke"

$$S_1 = S_{11} + R_{21}S_{12}$$

und der Regler $R_{22}$ der „Strecke"

$$S_2 = S_{22} + R_{12}S_{21}$$

zugeordnet.

Verallgemeinert man diese Schaltung auf ein $n$-dimensionales Regelungssystem, so ergibt sich Bild 25. In dieser Darstellung gelten die Wirkungslinien wiederum für einen Satz von Signalen (daher Großbuchstaben!).
Wie man feststellt, enthält ein derartiges System zwei komplexe Regler
$R_1$ und $R_2$. Diese Unterteilung ist dadurch entstanden, daß bisher stillschweigend angenommen wurde, daß die Störungen unmittelbar vor

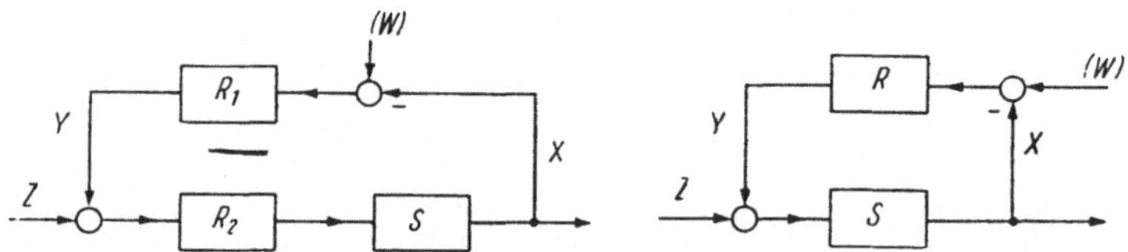


*Bild 25. Verkürzte Darstellung des Signalflußbilds eines invarianten Mehrfachregelungssystems bei direkter Erfaßbarkeit der Störgrößen*
*Bild 26. Verkürzte Darstellung eines invarianten Systems bei fehlender Meßbarkeit
der Störgrößen*

Streckeneintritt gemessen und daher sofort unterdrückt werden können,
während die Hauptregler von den Regelgrößen als Eingangsvariablen ausgehen. In vielen Fällen ist es tatsächlich möglich, die Störgrößen direkt
zu erfassen, z. B. wenn es sich hierbei um die Störgröße „Belastung"
(Dampfstrom, Wassermenge, elektrische Leistung usw.) handelt. Wo diese
Möglichkeit nicht gegeben ist, muß eine Schaltung nach Bild 26 gewählt
werden. Dieses Prinzip ist offensichtlich weniger vorteilhaft, da hier die
Störgrößen erst über ihre Wirkungen, d. h. als Abweichungen der Regelgrößen $x_i$ bemerkt werden. Um unter diesen Umständen eine Entkopplung
zu erreichen, müssen die Entkopplungsregler zwecks Kompensation der
Streckenverzögerungen oftmals mehrfach differenzierende Glieder enthalten.
Nun soll das Verhalten eines invarianten Regelungssystems wiederum
am Beispiel des Zweifachregelkreises der im Abschn. 5.1.2. betrachteten
Struktur untersucht werden. Während die beiden Hauptregler unverändert übernommen werden können, gelten für die Entkopplungsregler des
invarianten Systems die Gln. (23) und (24). Hiernach ergibt sich im vorliegenden Fall

$$R_{12} = - R_{21} = \frac{(1 + 0{,}1p)^3}{(1 + 0{,}2p)} \, . \tag{27}$$

30

Dieser Ausdruck wird wiederum durch die einfachere Form

$$R_{12} = -R_{21} = (1 + 0,11p) \qquad (28)$$

angenähert.

Die Ergebnisse der Untersuchung des betrachteten Systems sind im Bild 27 dargestellt. Die Diagrammpaare Bild 27a und b zeigen das Störverhalten des invarianten sowie des nichtentkoppelten Systems. Im ersten Fall ist festzustellen, daß die Störgrößenänderung $z_2$ erwartungsgemäß nur auf die zugeordnete Regelgröße $x_2$ einwirkt. Die eingeführten Reglerkopplungen wirken sich wiederum stabilitätsverbessernd aus.

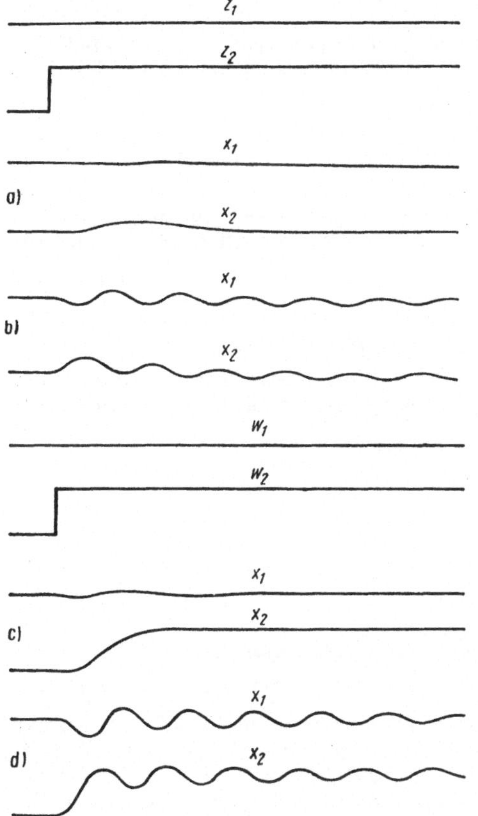



Bild 27. Gemessene Übergangsfunktion am Beispiel eines Zweifachregelungssystems

a) bei Änderung einer Störgröße und invariantem System;
b) bei Änderung einer Störgröße und nichtinvariantem System;
c) bei Änderung einer Führungsgröße und invariantem System;
d) bei Änderung einer Führungsgröße und nichtinvariantem System

Die Diagramme im Bild 27c und d beschreiben das Führungsverhalten des invarianten bzw. nichtentkoppelten Systems. Obwohl die Regler hinsichtlich des Störverhaltens ausgelegt wurden, wird bei Systemen der betrachteten Art gleichzeitig auch ein gutes Störverhalten erzielt, wobei allerdings keine exakte Entkopplung verwirklicht ist.

Eine in der geschilderten Weise durchgeführte Untersuchung von Zweifachregelungssystemen mit verschiedenen Streckenstrukturen erbrachte folgende Ergebnisse:

1. Übertragen die beiden Koppelglieder $S_{12}$ und $S_{21}$ ohne Signalumkehr, so verhält sich das System, als wären die Hauptregler zu schwach eingestellt. Eine Entkopplung ist hier nicht unbedingt erforderlich.

2. Bei einer Umkehrung des Wirkungssinns des Signals in einem der Koppelglieder unterstützen sich die Hauptregler. Das System neigt im allgemeinen zu schwach gedämpften Schwingungen, die bei bestimmten Verhältnissen der Zeitkonstanten in den Haupt- und Koppelgliedern sogar aufklingen können.

3. Mehrfachregelungssysteme lassen sich um so leichter entkoppeln, je geringer die Verzögerungen in den Koppelstrecken im Vergleich zu denen der Hauptstrecken sind.

4. Bei I-Verhalten einzelner Haupt- oder Kopplungsstrecken ist eine angenäherte Entkopplung meist nicht mehr ausreichend. Außerdem ergeben sich oft recht große Unterschiede im Systemverhalten, je nachdem, ob hinsichtlich der Führungs- oder Störgrößen entkoppelt wurde. Besondere Realisierungsschwierigkeiten bereiten offensichtlich die Invarianzbedingungen.

### 5.1.4. *Vollständige Entkopplung und ihre Realisierung*

Während bisher die Autonomisierung hinsichtlich der Führungs- und Störgrößen jeweils getrennt betrachtet wurde, ist natürlich auch der Fall

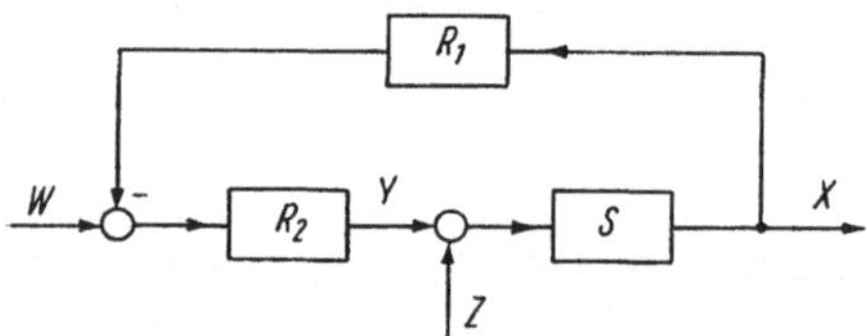


*Bild 28. Signalflußbild eines vollständig entkoppelten Systems*

einer vollständigen Entkopplung für beide Arten von Signalen von praktischem Interesse. Hierfür sind dann im allgemeinen Regler im Vorwärts- und Rückwärtszweig ($R_1$ und $R_2$ im Bild 28) erforderlich. Für einige Strukturen ist die gewünschte totale Autonomisierung jedoch nicht erreichbar.

Es ist grundsätzlich zu bemerken, daß die angegebenen Entkopplungsbedingungen zunächst nur mathematische Ausdrücke darstellen, die nicht immer durch physikalische Systeme realisiert werden können. Daher ist die Frage der Realisierbarkeit eines Entkopplungsnetzwerks in jedem Fall gesondert zu betrachten. Für die Realisierbarkeit ist hierbei maßgebend, welches Verhältnis der Grade $m$ und $n$ der Zähler- und Nennerpolynome der gegebenen Strecken

$$S_{ij}\,(p) = \frac{\prod\limits_{\mu}^{m}(1 + T_{\mathrm{D}\mu}\,p)}{\prod\limits_{\nu}^{n}(1 + T_{\nu}\,p)} \tag{29}$$

untereinander besteht.

Auch im Fall einer gegebenen Realisierbarkeit sollte man unter den möglichen Regleranordnungen (Vorwärts-, Rückwärtsregler, $p$-kanonische, $v$-kanonische Struktur), die sich oft sehr in dem erforderlichen Aufwand an Entkopplungsgliedern unterscheiden, stets die optimale Gerätelösung wählen. Obwohl hier nach der Theorie häufig die $v$-kanonische Struktur die günstigste Lösung zuläßt, muß man doch andererseits berücksichtigen, daß die üblichen Verfahren der Systemanalyse $p$-kanonische Strukturen liefern. Aus diesem Grund wurden die vorliegenden Betrachtungen auch auf diese Art von Systemen beschränkt.


## 5.2.  Nichtentkoppelte Mehrfachregelungssysteme

Während die soeben betrachtete Möglichkeit einer Regelung von Mehrfachsystemen darauf aufbaute, daß die bestehenden Streckenkopplungen durch äußere Maßnahmen bezüglich der zu regelnden Variablen unwirksam gemacht werden, kann man andererseits durch geschickte Ausnutzung der Verkopplungen in bestimmten Fällen sogar eine Verbesserung der Regelung erreichen. Ein bekanntes Beispiel hierzu ist die Ankopplung zusätzlicher Einrichtungen zur Schwingungsunterdrückung in elektrischen oder mechanischen Systemen.
Eine Reihe von Regelungsalgorithmen für Mehrfachregelungssysteme verzichtet darüber hinaus von vornherein aus Gründen der Realisierbarkeit auf eine Elimination der Koppeleinflüsse. Hierzu gehören beispielsweise die Regelung mehrdimensionaler Nachlaufsysteme [8], mehrpolige Regelungssysteme [9] sowie harmonische Regelungssysteme [10]. Für gewisse Arten von Prozeßregelungssystemen wird das zuletzt genannte Verfahren der harmonischen Regelung voraussichtlich Bedeutung erlangen, so daß bereits an dieser Stelle einiges über das zugrunde liegende Prinzip ausgeführt werden soll.
In einer Vielzahl von Regelkreisen besteht die Aufgabe bekanntlich darin, daß vorgegebene Werte physikalischer, chemischer oder anderer Variabler einzuhalten sind. In einer anderen Art von Systemen sind hingegen bestimmte Relationen zwischen zwei oder mehreren Variablen aufrechtzuerhalten. Derartige Anordnungen sind unter der Bezeichnung Verhältnisregelung bekannt. Hier geht es meist darum, Stoffströme mit unterschiedlichen Zuständen (im einfachsten Fall kaltes und warmes Wasser) in einem bestimmten Verhältnis miteinander zu mischen.
Im industriellen Bereich findet man ebenfalls zahlreiche Prozesse dieser Art mit multivariablem Charakter. Sie können etwa in folgender Weise geordnet werden:

a) Regelung von Drehzahlverhältnissen (z. B. bei Papiermaschinen, Textil-
maschinen, Gummi- und Kunststoffkalandern, Walzenstraßen usw.),

b) Verhältnisregelung von Stoffströmen (z. B. Blendingaufgaben in der
Chemie und Petrolchemie, Metallurgie, Silikattechnik),

c) Verhältnisregelung von Energieströmen (Anwendungen in der Energie-
erzeugung und -verteilung).

Derartige Systeme eignen sich grundsätzlich für eine Regelung nach dem
harmonischen Prinzip.

Bei einer harmonischen Regelung handelt es sich allgemein um ein System
mit mehreren Variablen, in dem für eine automatische Einhaltung vorge-
gebener Verhältnisse zwischen den Variablen trotz Anwesenheit von Störungen gesorgt wird. Die Besonderheit besteht hierbei darin, daß die
Kopplungen nicht unterdrückt werden. Die harmonische Regelung entspricht somit einer besonderen Art der mehrdimensionalen Verhältnisregelung.

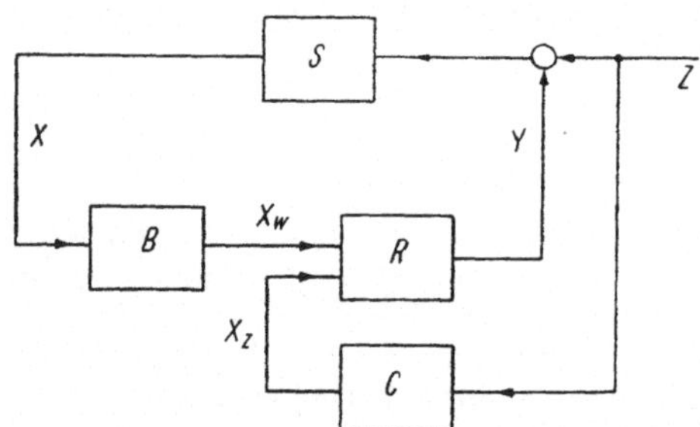


*Bild 29. Blockschaltbild eines
harmonischen Regelungssystems
(mit Störgrößenkompersation)*

$S$ Strecke;
$R$ Regler;
$B$ Sollwertrechner;
$C$ Störkompensationsrechner

Im Bild 29 ist das Prinzip einer harmonischen Regelung mit Störkompen-
sation angegeben. Die gepfeilten Linien repräsentieren in bereits bekannter
Weise jeweils einen Satz von Signalen. Zunächst erkennt man die Grund-
schleife, bestehend aus der Strecke $S$, dem Regler $R$ und einem Rechner $B$.
Im Unterschied zu gewöhnlichen Testwert- oder Führungsregelungs-
systemen wirken auf den Regler keine Führungsgrößen. Anstelle der üblichen Regelabweichungen werden in der Recheneinheit $B$ die sog. harmonischen Abweichungen $X_W$ durch rechnerische Verarbeitung der gemessenen Regelgrößen $X$ gebildet.
In einer weiteren Recheneinheit $C$ werden die erforderlichen Signale $X_Z$
zur Störunterdrückung (Invarianz) bei Vorhandensein von Störungen $Z$
berechnet.
Betrachten wir im folgenden die Bildung der harmonischen Abweichung,
die in der Einheit $B$ vorgenommen wird. Hierbei ist zunächst der Begriff
des harmonischen Verhältnisses zu erläutern. Man versteht hiermit die
multidimensionale Relation zwischen den verschiedenen Regelgrößen eines
Systems (z. B. Walzendrehzahlen, Stoffdurchflüssen, Energien). Verfügt
ein solches System über $n$ miteinander in Beziehung stehende Regelgrößen
$x_i$ ($i = 1, 2, \ldots; n$), so wird folgende Gleichung angeschrieben:

$$M_1 x_1 = M_2 x_2 = \ldots = M_i x_i = \ldots = M_n x_n, \tag{30}$$

in der der Faktor $M_i$ den harmonischen Verhältnissen entspricht. Häufig sind diese Verhältnisse zeitinvariant, so daß die Ausdrücke $M_i$ konstante Werte annehmen. Als harmonische Abweichung bezeichnet man dann die Differenz

$$x_{wi} = M_i x_i - (M\,x)_m. \tag{31}$$

In Analogie zum eindimenisonalen Fall wird der Term $(M\,x)_m$ als „innerer Sollwert" bezeichnet. Er entspricht dem Mittelwert aus den harmonischen Verhältnissen und berechnet sich nach der Beziehung

$$(M\,x)_m = \frac{1}{n} \sum_{j}^{n} M_j\,x_j. \tag{32}$$

Bild 30 veranschaulicht die Realisierung der Einrichtung zur Berechnung des inneren Sollwerts und vermittelt damit einen Eindruck von dem Aufwand für die Recheneinheit $B$.

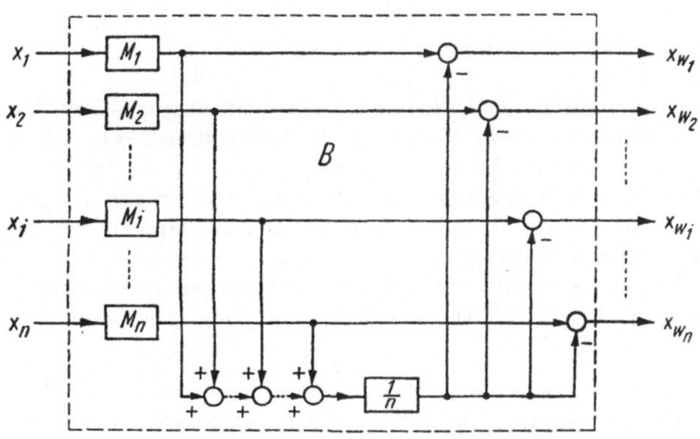

*Bild 30. Struktur des Rechners für den „inneren Sollwert"*

Schließlich ist noch das Übertragungsverhalten des komplexen Reglers $R$ anzugeben. In allgemeiner Form ausgedrückt, verwirklichen die Elemente der Regeleinrichtung die Funktionen

$$R_{ij} = \frac{n-1}{n} M_i \qquad \text{für } j = i \tag{33}$$

und

$$R_{ij} = -\frac{1}{n} M_j \qquad \text{für } j \neq i \qquad (1 \leqq i, j \leqq n). \tag{34}$$

Für den Elementarfall des Zweifachregelkreises ergeben sich somit die Ausdrücke

$$R_{11} = -R_{21} = \frac{1}{2} M_1, \tag{35}$$

$$R_{22} = -R_{12} = \frac{1}{2} M_2. \tag{36}$$

Die Frage der Invarianz und damit die Struktur der Übertragungseinrichtung $C$ wurde bereits in anderem Zusammenhang behandelt (s. Abschn. 5.1.3.).

Bezüglich der Regeleigenschaften harmonischer Systeme ist zu bemerken, daß diese im allgemeinen stabiler als herkömmliche Systeme sind. Sind in Mehrfachregelungssystemen einige Variable auf ihre Führungsgrößen und andere hinsichtlich ihres Verhältnisses untereinander zu regeln, so besteht außerdem die Möglichkeit, ein herkömmliches System mit einem harmonischen zu kombinieren.


# 6.  Analyse von Mehrfachregelungssystemen

Einschleifige Regelkreise werden vielfach noch nach rein empirischen Methoden bzw. unter Benutzung einfacher Faustformeln bemessen. Diese Methoden versagen jedoch bereits beim einfachsten Typ eines Mehrfachregelungssystems, dem Zweifachregelkreis. Somit verbleibt für die Reglerdimensionierung praktisch nur der Weg einer Berechnung. Hierzu müssen die Gesetzmäßigkeiten des Verhaltens des jeweiligen Regelungsobjekts genau bekannt sein. Diese Kenntnis der Übertragungseigenschaften aber wird durch eine Systemanalyse vermittelt. Wir wollen uns daher zunächst dieser Frage zuwenden.

### 6.1.  Übersicht über die Analysenverfahren bei Mehrfachregelungssystemen
[23] RA 20

Unter einer Analyse im regelungstechnischen Sinn versteht man die Zerlegung eines unbekannten Objekts — eines Prozesses, einer Anlage oder Geräts — in bekannte Grundelemente. Die Analyse gilt hierbei dann als vollkommen, wenn bekannt ist, durch welche Glieder der verschiedenen Typen und in welcher Anordnung das Verhalten des unbekannten Systems hinreichend genau beschrieben wird.
Die Analyse einer komplexen Regelstrecke beginnt mit der Feststellung, welche Einflußgrößen auf welche Variable und in welchem Sinn einwirken. Für die weitere Durchführung der Systemanalyse sind zwei grundsätzlich verschiedene Wege erkennbar:

a) Die eine Möglichkeit besteht darin, von den in dem zu untersuchenden Prozeß stattfindenden technisch-physikalischen Vorgängen auszugehen

und zu versuchen, diese mit Hilfe von algebraischen und Differential-
gleichungen zu beschreiben. Diese Methode wird in der internationalen
Literatur unter der Bezeichnung „process dynamics" behandelt. Ein
solches Vorgehen setzt eine sorgfältige Analyse der immanenten Vorgänge voraus. Da diese meist recht komplex sind, kann die mathematische Beschreibung oft nur näherungsweise erfolgen. Zur Überprüfung
der Näherungen sind daher meist gesonderte Betrachtungen erforderlich. Es liegt auf der Hand, daß auf diese Weise nur verhältnismäßig
einfache Prozesse erfaßt werden können. Andererseits besteht der große
Vorteil dieser Methode darin, daß die Analyse nicht an die materielle
Existenz der Anlage gebunden ist, so daß bei Vorhandensein der entsprechenden Daten sogar eine Vorausbestimmung des Verhaltens möglich ist.

b) Ist hingegen die zu untersuchende Anlage bereits aufgebaut und verfügt zwecks Verbindung mit der Außenwelt über die entsprechenden
Eingabe- und Ausgabeeinrichtungen, so ist es immer möglich, die Vorgänge und Eigenschaften des Objekts durch das Wechselspiel von
Frage und Antwort, d. h. durch den Test, zu bestimmen. Hierbei brauchen die inneren Vorgänge nicht im einzelnen bekannt zu sein; jedoch
sind im Fall der Mehrfachregelungssysteme gewisse Kenntnisse bzw.
Annahmen hinsichtlich der Wirkungsstruktur erforderlich. Dieser Lösungsweg wird allgemein in der Literatur durch die Begriffe „process
estimation" bzw. „process determining" charakterisiert.

Infolge ihrer überragenden Bedeutung werden sich die folgenden Betrachtungen auf die Methoden der experimentellen Systemanalyse beschränken.
Allgemein kommt man hier jedoch nicht mit der Aufzeichnung der durch
das Experiment aufgedeckten Zusammenhänge aus, wie es beispielsweise
durch Schriebe der verschiedenen Parameterverläufe veranschaulicht wird,
sondern es wird deren quantitative Beschreibung (mathematisches Gleichungssystem) benötigt. Aus diesem Grund unterscheidet man bei der
experimentellen Systemanalyse zwischen den Stufen

Durchführung des Experiments und Aufzeichnung der Parameterverläufe (Messung) und
Auswertung der in grafischer Form vorliegenden Verläufe (Kennwertermittlung).

Bei der experimentellen Analyse von Mehrfachregelungsstrecken läßt sich
von der bereits im Abschn. 2. durchgeführten Betrachtung ausgehen, wo-
nach ein komplexes Objekt mit $m$ Eingängen und $n$ Ausgängen unter der
generellen Voraussetzung der Linearität als ein System von $m \times n$ Gliedern mit je einem Eingangs- und Ausgangssignal aufgefaßt werden kann,
deren Wirkungen sich störfrei überlagern (s. Bild 2). Die Aufgabe einer
Systemanalyse besteht dann darin, das Übertragungsverhalten der Übertragungsglieder durch Messung des „Klemmenverhaltens" zu ermitteln.
Die zwischen dem Eingangssignal $x_i(t)$ und der zugehörigen Reaktion
$y_j(t)$ bestehenden Abhängigkeit kann stets durch eine Gleichung vom Typ

$$y_j(t) = \int\limits_0^t g_{ij}(t)\, x_i(t - \bar{t})\, \mathrm{d}\bar{t} \tag{37}$$

beschrieben werden. Die Laplacetransformierte dieser Beziehung lautet

$$Y_j\,(p)\ =\ F_{ij}\,(p)\,X_i\,(p)\,.\tag{38}$$

$y_j\,(t)$, $g_{ij}\,(t)$ und $x_i\,(t)$ kann man auch auf die entsprechende Fouriertransformation überführen und erhält:

$$Y_j\,(j\omega)\ =\ F_{ij}\,(j\omega)\,X_i\,(j\omega)\,.\tag{39}$$

Die Gewichtsfunktion $g\,(t)$, die Übertragungsfunktion $F\,(p)$ sowie der Frequenzgang $F\,(j\omega)$ lassen sich eindeutig ineinander überführen und stellen somit adäquate Beschreibungen des Übertragungsverhaltens eines Systems dar.

Unter der meist zutreffenden Annahme, daß die betrachteten Übertragungsglieder konzentrierte Speicher- und Widerstandselemente enthalten oder durch Systeme solcher Elemente hinreichend beschrieben werden können, ergeben sich für die Übertragungsfunktionen gebrochene rationale Funktionen vom allgemeinen Typ

$$F\,(p)\ =\ \frac{K_{rm}\,(1\,+\,pT\mu)}{p_{rn}\,(1\,+\,pT\nu)}\,,\tag{40}$$

wobei stets $m \leq n$ ist. Eine Systemanalyse beschränkt sich unter den gegebenen Umständen auf die Bestimmung

der speziellen Struktur, d. h. also von $m$, $n$ und $r$, sowie
der Werte der Koeffizienten $K_r$ (Übertragungsfaktor) und $T_\mu$, $T_\nu$ (Zeitkonstanten).

Hierzu ist noch zu bemerken, daß es in vielen Fällen nicht möglich ist, die Struktur des beschreibenden Übertragungsglieds allein aus den Messungen exakt anzugeben. Soweit auf diese nicht aus dem zugrunde liegenden technischen Prozeß geschlossen werden kann, wird man auf diesbezügliche Annahmen angewiesen sein. Damit läuft die Analyse dann zumeist darauf hinaus, die Parameter eines geeignet gewählten Approximationssystems zu bestimmen, das die signalmäßigen Erscheinungen und Verknüpfungen im Übertragungsglied hinreichend genau widerspiegelt.

Auf dem Gebiet der Systemanalyse ist eine Vielzahl von Verfahren ausgearbeitet worden, die den verschiedensten Anforderungen entsprechen. Voraussetzung für die Auswahl eines für den jeweiligen Anwendungsfall geeigneten Analyseverfahrens ist jedoch ein hinreichender Überblick über die bestehenden Möglichkeiten sowie über die zu erwartenden Eigenschaften der Verfahren. Der Zweck der nachfolgenden Ausführungen wird daher vor allem darin gesehen, diesen Überblick bis zu einem gewissen Grad zu vermitteln, während bezüglich der Durchführung der verschiedenen Verfahren wegen der gebotenen Beschränkung des Umfangs auf das inzwischen recht umfangreich gewordene Schrifttum verwiesen werden muß.

Um zu einer gewissen Gliederung des Stoffes zu gelangen, werden die verschiedenen Verfahren wegen der Gemeinsamkeit wichtiger Merkmale in zwei Gruppen behandelt, die als Funktionsanalyse und statistische Analyse bezeichnet werden sollen.

## 6.2.  Funktionsanalyse

Das Wesen der Analyse eines Mehrfachregelungssystems mit Hilfe von Funktionstestsignalen besteht darin, daß die verschiedenen Übertragungsglieder $F_{ij}$ (s. Bild 2) zeitlich nacheinander der Einwirkung determinierter Signale unterzogen werden und die erhaltenen Antwortverläufe im Sinn einer Kennwertermittlung ausgewertet werden. Auf diese Weise wird die Untersuchung des komplexen Übertragungssystems so gehandhabt, als bestünde es aus $m \times n$ Einzelgliedern mit je einer Eingangs- und Ausgangsgröße. Eine wesentliche Voraussetzung für ein solches Vorgehen besteht darin, daß im System jeweils nur eine Eingangsgröße — eben das Testsignal — wirksam sein darf, wobei dafür gesorgt werden muß, daß die übrigen Eingangsgrößen ihren Wert nicht ändern dürfen. Um die Systemantwort auf eine Eingangsgröße möglichst unverfälscht zu erhalten, ist es erforderlich, daß alle aus der Vorgeschichte herrührenden Vorgänge abgeklungen sind.

An die verwendeten Testfunktionen werden folgende Anforderungen gestellt:

Hervorrufung einer besonders charakteristischen Antwortreaktion, einfache technische Realisierbarkeit des Testsignals, geringe Beanspruchung des zu untersuchenden technologischen Prozesses durch das Testsignal, geringer Zeitbedarf für die Durchführung der Messung und Auswertung.

Die unter diesen Umständen in Betracht kommenden Testsignale lassen sich zunächst in aperiodische und periodische Funktionssignale einteilen. Eine Übersicht über die in Frage kommenden Funktionstypen vermittelt Tafel 1.

Der bei der Funktionsanalyse einzuschlagende Lösungsweg werde anhand je eines Vertreters der aperiodischen und periodischen Funktionssignale erläutert. Wir betrachten hierzu nacheinander den Sprung- und den Sinustest.

a) Sprungtest

Der Test mit Hilfe sprungförmiger Eingangssignale ist sowohl hinsichtlich seiner Durchführung als auch der Auswertung der Sprungantwort besonders einfach. An Geräten sind im Prinzip lediglich ein von Hand verstellbares Stellglied, ein Schalter usw. sowie ein Meßgerät und eine Uhr zur zeitgerechten Erfassung der Ausgangsgröße erforderlich. Besser ist es jedoch, wenn eine Einrichtung zur selbsttätigen Aufzeichnung des Verlaufs sowie zur Markierung des Versuchsbeginns vorhanden ist. Für die Messung ist an sich ein einziger Test ausreichend. Der Zeitbedarf richtet sich somit nur nach der Dauer des Übergangsprozesses.

Für die auf die Sprunghöhe bezogene Antwort ist die Bezeichnung Übergangsfunktion üblich. In den Arbeiten [11] und [12] wird ein

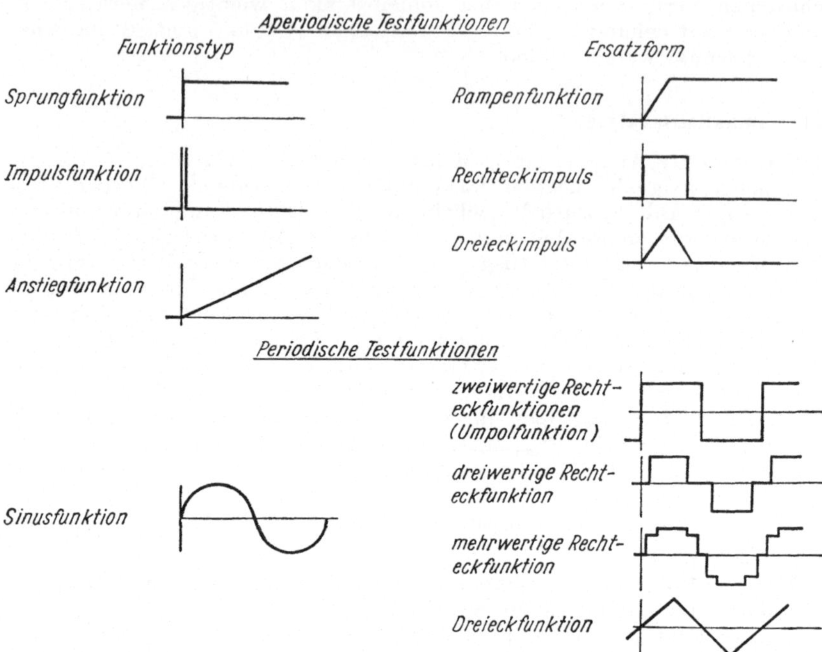


Überblick über die verschiedenen Verfahren zur Auswertung von Übergangsfunktionen gegeben. Inzwischen haben sich zwei Gruppen von Verfahren als besonders wichtig herausgestellt:

1. Wendetangentenverfahren
   Zu dieser Gruppe gehören Verfahren der Kennwertermittlung, die vorwiegend Tangenten, Wendetangenten, Asymptoten, Parallelen

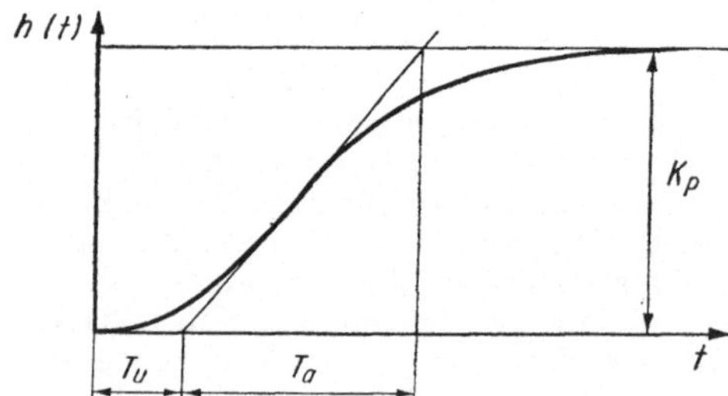


Bild 31. Auswertung einer ge- messenen Übergangsfunktion nach der Wendetangentenmethode

usw. benutzen, die in die gemessenen Verläufe eingezeichnet werden und aus deren Schnittpunkten sich bestimmte Kenngrößen für die weitere Bestimmung der Parameter des jeweiligen Übertragungsglieds ergeben. Eine solche Auswertung wird im Bild 31 am Beispiel eines Übertragungsglieds mit Ausgleich demonstriert.

2. Zeitprozentverfahren

Das Zeitprozentverfahren beruht auf der Auswertung der gemessenen Übergangsfunktion in mehreren diskreten Punkten (Bild 32), deren Ordinatenwerte zweckmäßig vorgegeben werden. Hierzu gehören die Verfahren nach [13] sowie [14], wobei vor allem [14] ein ausführliches Quellenverzeichnis über die Auswertung der verschiedensten Typen von Übertragungsgliedern zu entnehmen ist.

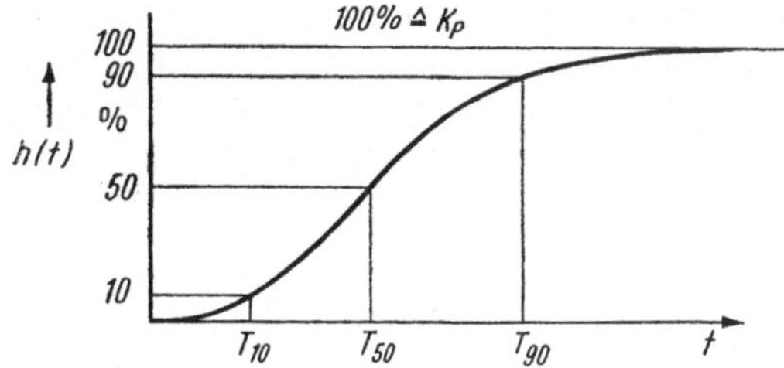


Bild 32
Auswertung einer gemessenen Übergangsfunktion nach der Zeitprozentmethode

Die Verfahren zur Auswertung von Übergangsfunktionen können heute als weitgehend abgeschlossen gelten und sind meist so weit aufbereitet, daß eine rasche Kennwertermittlung bei mäßiger bis guter Genauigkeit möglich ist.

b) Sinustest

Beim Sinustest liefert eine bei einer bestimmten Frequenz durchgeführte Messung jeweils nur einen Punkt der Ortskurve. Der Zeitbedarf zur Ermittlung eines Meßpunkts richtet sich nach der jeweils angelegten Frequenz und umfaßt die Einschwingzeit, die abgewartet werden muß, bis sich eine stationäre Schwingung einstellt, sowie mindestens eine Periode der Stationärschwingung, die dann ausgewertet wird. Bei industriellen Regelstrecken sind die Messungen innerhalb des Frequenzintervalls

$$10^{-4} \leqq f_{\text{Meß}} \leqq 10^{+1} \text{ Hz} \tag{41}$$

durchzuführen, während für Untersuchung schneller Strecken und Geräte der Bereich

$$10^{-3} \leqq f_{\text{Meß}} \leqq 10^{+2} \text{ Hz} \tag{42}$$

in Betracht kommt. Gegenüber dem Sprungtest ergibt sich ein wesentlich größerer Zeitbedarf. Außerdem ist ein besonderer Funktionsgenerator erforderlich. Gewisse Vereinfachungen sind hier erreichbar, wenn anstelle des monofrequenten Sinussignals mit den leichter erzeugbaren zwei-, drei- oder mehrwertigen Rechtecksignalen bzw. der Dreieckfunktion gearbeitet wird (s. Tafel 1).
Über die bis zum Jahr 1961 bekannten Verfahren der numerischen Analyse von Ortskurven wird in [15] eine Übersicht gegeben. Bei diesen

Verfahren werden stets gewisse Kenntnisse oder Annahmen über die Struktur des zu analysierenden Systems vorausgesetzt. Bei der Auswertung wird die gemessene Ortskurve in einer der Zahl der vorgegebenen Pole und Nullstellen entsprechenden Anzahl von Punkten abgegriffen, deren Koordinaten nach Lösung des Gleichungssystems die gesuchten Parameter liefern.

In der Zwischenzeit sind neue Verfahren ausgearbeitet worden, bei denen auf die vorherige Kenntnis der Systemstruktur verzichtet wird [16]. Die Verarbeitung der Informationen über den Verlauf der Ortskurve erfolgt hier nach einem einfachen Algorithmus, wobei der Lösungsweg für eine maschinelle Bearbeitung der Aufgabe vorbereitet ist.

Die Frequenzganganalyse ermöglicht eine relativ hohe Genauigkeit, da die Bestimmungsgrößen der Meßpunkte sich orthogonal zueinander verhalten. Für das bisher geschilderte Verfahren muß jedoch wiederum vorausgesetzt werden, daß keine oder nur sehr geringe Störungen auftreten.

### 6.3.  Statistische Analyse

Eine wesentliche Einschränkung in der Anwendbarkeit der Funktionstestverfahren liegt in der Forderung nach weitgehender Störfreiheit begründet. Als Ausweg bietet sich hier die Anwendung statistischer Verfahren. Hierauf dürfte auch in erster Linie das steigende Interesse an derartigen Verfahren zurückzuführen sein, obwohl die erforderlichen Meßzeiten sowie der Aufwand für die Auswertung gegenüber dem Funktionstest erheblich größer sind. Gegenüber der Methode mit Schmalbandfiltern (Fourieranalyse) kommt der Korrelationsmessung die größere Bedeutung zu, weshalb auch hier nur auf das letztere Verfahren eingegangen werden soll.

Wirken am Ein- und Ausgang eines Systems stationäre stochastische Signale, so treten anstelle der Gl. (37), (38) die analogen Beziehungen

$$\psi_{yx}(\tau) = \int\limits_0^\infty g(t)\, \varphi_{xx}(\tau - t)\, \mathrm{d}t \tag{43}$$

und

$$S_{yx}(\omega) = F(\mathrm{j}\omega)\, S_{xx}(\omega), \tag{44}$$

in denen wiederum $g(t)$ die Gewichtsfunktion und $F(\mathrm{j}\omega)$ die Frequenzganggleichung bedeuten. Hierbei ist

$$\psi_{xx}(\tau) = \lim_{T\to\infty} \frac{1}{2T} \int\limits_{-T}^{+T} x(t)\, x(t+\tau)\, \mathrm{d}t \approx \frac{1}{T} \int\limits_0^{T} x(t)\, x(t+\tau)\, \mathrm{d}t \tag{45}$$

die Autokorrelationsfunktion des ergodischen (stationären, stochastischen) Eingangssignals $x(t)$ und

$$\psi_{yx}(\tau) = \lim_{T\to\infty} \frac{1}{2T} \int\limits_{-T}^{+T} x(t)\, y(t+\tau)\, \mathrm{d}t \approx \frac{1}{T} \int\limits_0^{T} x(t)\, y(t+\tau)\, \mathrm{d}t \tag{46}$$

die Kreuzkorrelationsfunktion zwischen $x\,(t)$ und dem Ausgangssignal $y\,(t)$. Die entsprechenden Beziehungen im Frequenzbereich werden als Dichten bezeichnet und lauten

$$S_{xx}\,(\omega) = \int\limits_{-\infty}^{+\infty} \psi_{xx}\,(t)\,\mathrm{e}^{-\mathrm{j}\omega t}\,\mathrm{d}t \tag{47}$$

und

$$S_{yx}\,(\omega) = \int\limits_{-\infty}^{+\infty} \psi_{yx}\,(t)\,\mathrm{e}^{-\mathrm{j}\omega t}\,\mathrm{d}t. \tag{48}$$

Bei der Skizzierung des Lösungswegs ist von den Aufzeichnungen der stochastischen Signale $x\,(t)$ und $y\,(t)$ auszugehen. Diese Verläufe werden entweder von Hand ausgewertet, wobei die Gln. (45) und (46) zur Berechnung der Korrelationsfunktionen durch entsprechende Summen ersetzt werden; besser ist es jedoch, wenn die Bildung der Korrelationsfunktionen gerätetechnischen Einrichtungen (Korrelatoren) übertragen wird. Die Festlegung der Integrationszeit $T$ ergibt sich aus der maximalen Zeitverschiebung $\tau_{max}$, die aus der tiefsten Frequenz $\omega_u$ des Spektrums der stochastischen Signale abgeschätzt wird

$$\tau_{max} \geqq \frac{2\pi}{\omega_u}\,,$$

und sollte mindestens um das 10fache größer sein:

$$T \geqq 10\,\tau_{max}.$$

Nachdem man auf diese Weise die Korrelationsfunktionen bestimmt hat, ist zu entscheiden, ob für die weitere Lösung die Gewichtsfunktion $g(t)$ oder die Frequenzganggleichung $F(\mathrm{j}\omega)$ benutzt werden soll. Im ersten Fall ist $g\,(t)$ aus der Gl. (43) zu ermitteln. Hierzu findet man in [17] eine Reihe algebraischer Lösungsmethoden. Beim zweiten Weg werden durch Anwendung der Fouriertransformation auf die Gln. (47) und (48) die Leistungsdichten ermittelt. Aus diesen können dann die Koordinaten des Frequenzgangs

$$F(\mathrm{j}\omega) = P\,(\omega) + \mathrm{j}\,Q\,(\omega) \tag{49}$$

berechnet werden gemäß

$$P(\omega) = \frac{S_{yx}\,(\omega)}{S_{xx}\,(\omega)} \tag{50}$$

und

$$Q(\omega) = \frac{S_{yx}\,(\omega)}{S_{xx}\,(\omega)}. \tag{51}$$

Die punktweise Berechnung liefert die Kurven der Gewichtsfunktion bzw. des Frequenzgangs, die dann nach den bereits genannten Methoden auszuwerten sind.

Für die statistische Analyse kommen folgende Arten von Eingangsgrößen
in Betracht:

a) Verwendung eines Testsignals
In Anwesenheit von Störungen wird ein Testsignal auf den System-
eingang aufgegeben. Hinsichtlich der Durchführung der Messung entspricht dieses Verfahren weitgehend dem des gewöhnlichen Funktionstests (s. Abschn. 6.2.). Als Testsignal kommt hier vor allem das Sinus-
signal in Betracht, wobei allerdings bereits sehr kleine Signalamplituden
ausreichen. Die Störüberdeckung ist hierbei oft so stark, daß die
Systemantwort auf das Testsignal aus dem aufgezeichneten Verlauf
visuell nicht mehr wahrgenommen werden kann. Für die Auswertung
kommen daher nur statistische Methoden in Betracht. Eine sehr vorteil-
hafte Lösung ist hier der bekannte Solartronmeßplatz, dessen Wir-
kungsprinzip aus Bild 33 hervorgeht.

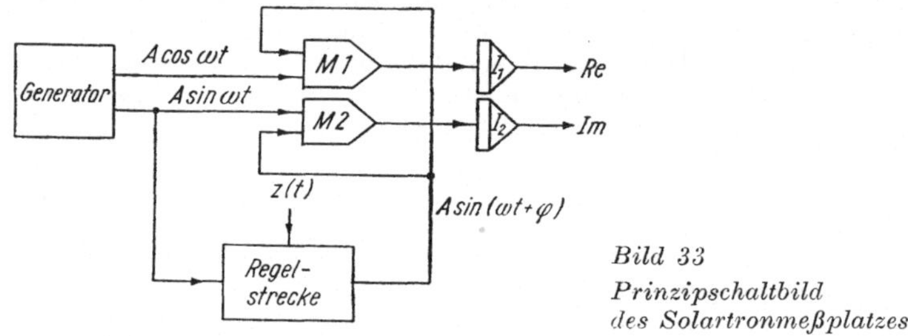


*Bild 33*
*Prinzipschaltbild*
*des Solartronmeßplatzes*

b) Verwendung von weißem Rauschen
Benutzt man am Eingang eines Systems weißes Rauschen — für prak-
tische Fälle genügt Breitbandrauschen —, so ist die Leistungsdichte
des Eingangssignals $S_{xx}(\omega)$ entsprechend Gl. (47) im Idealfall gleich
der Konstanten $S_0$. Damit vereinfacht sich die Lösung der Gl. (43)
bzw. Gl. (44), wenn zuvor eine entsprechende Rücktransformation vorgenommen wurde.

c) Verwendung regelloser Eingangssignale
Das allgemeine Verfahren besteht darin, die im System auftretenden
Schwankungen der Streckeneingangsgrößen selbst als regellose Testsignale zu benutzen. Hierdurch entfällt ein besonderer Funktionsgenerator. Außerdem wird der normale Betriebszustand der Anlage nicht
künstlich gestört.
Die Voraussetzungen bestehen vor allem darin, daß die regellosen Eingangssignale um einen zeitlich unveränderlichen Mittelwert schwanken,
einer Gaußverteilung genügen sowie ein hinreichend großes Frequenz-
band umfassen.
Der Test mit regellosen Eingangssignalen erlangt für die Analyse von
Mehrfachregelungssystemen besondere Bedeutung, da es durchaus möglich ist, komplexe Systeme, wie z. B. Mehrfachregelungssysteme, gleichzeitig hinsichtlich des Verhaltens auf verschiedene nebeneinanderbeste-
hende Eingangsgrößen zu untersuchen.

44

Im allgemeinen Fall korreliert jede Ausgangsgröße mit den $m$ Eingangsgrößen. Beschränkt man sich hier aus Gründen der Übersichtlichkeit auf zwei Eingangsgrößen, $x_1(t)$ und $x_2(t)$, so sind entsprechend Gl. (43) die Abhängigkeiten

$$\psi_{yx_1}(\tau) = \int_0^\infty g_1(t)\,\psi_{x_1x_1}(\tau-t)\,\mathrm{d}t - \int_0^\infty g_2(t)\,\psi_{x_2x_1}(\tau-t)\,\mathrm{d}t \tag{52}$$

und

$$\psi_{yx_2}(\tau) = \int_0^\infty g_1(t)\,\psi_{x_1x_2}(\tau-t)\,\mathrm{d}t - \int_0^\infty g_2(t)\,\psi_{x_2x_2}(\tau-t)\,\mathrm{d}t \tag{53}$$

zu berücksichtigen. Die benötigten Korrelationsfunktionen sind zu berechnen nach

$$\psi_{x_2x_2}(\tau) \approx \frac{1}{T}\int_0^T x_2(t+\tau)\,x_2(t)\,\mathrm{d}t, \tag{54}$$

$$\psi_{yx_1}(\tau) \approx \frac{1}{T}\int_0^T y(t+\tau)\,x_1(t)\,\mathrm{d}t, \tag{55}$$

$$\psi_{yx_2}(\tau) \approx \frac{1}{T}\int_0^T y(t+\tau)\,x_2(t)\,\mathrm{d}t, \tag{56}$$

$$\psi_{x_1x_1}(\tau) \approx \frac{1}{T}\int_0^T x_1(t)\,x(t+\tau)\,\mathrm{d}t, \tag{57}$$

$$\psi_{x_1x_2}(\tau) = \psi_{x_2x_1}(-\tau) \approx \frac{1}{T}\int_0^T x_1(t+\tau)\,x_2(t)\,\mathrm{d}t. \tag{58}$$

Die Ausdrücke $g_1(t)$ und $g_2(t)$ entsprechen hierbei den gesuchten Gewichtsfunktionen, deren rechnerische Bestimmung offensichtlich ziemlich umfangreich und kompliziert ist. Wesentlich einfacher gestaltet sich hingegen die Lösung, wenn die Eingangsgrößen voneinander statistisch unabhängig sind. Dann ist

$$\psi_{x_1x_2}(\tau) = \psi_{x_2x_1}(\tau) = 0, \tag{59}$$

und die Gln. (52) und (53) vereinfachen sich entsprechend Gl. (43). Damit ist die Lösung auf den Fall von Systemen mit einer Eingangsgröße zurückgeführt.


## 7. Angenäherte Entkopplung von Mehrfachregelungen

Um die komplizierte Struktur der exakten Entkopplungsregler zu vermeiden, soll versucht werden, diese durch handelsübliche Regler angenähert zu realisieren. Es hat sich gezeigt, daß besonders für Zweifach-

regelungen PI- und PID-Regler gut verwendet werden können [3] [25].
Dabei geht man davon aus, daß die Hauptregler $R_{ii}$ nach den üblichen
Methoden optimal eingestellt werden. Die Kennwerte der Entkopplungsregler lassen sich jetzt grafisch bestimmen, wenn man die exakte Form
als Frequenzkennlinie darstellt. Der Amplitudengang wird dann so angenähert, daß er bei niedrigen Frequenzen mit dem exakten übereinstimmt.
Durch eine solche Annäherung hat man erreicht, daß der I-Anteil exakt
nachgebildet und eine vollständige Entkopplung im stationären Fall
($\omega = 0$) erreicht wird.
In [3] sind Angaben gemacht worden, wie man eine Entkopplung durch
PI- und PID-Regler erreichen kann. Die Ergebnisse lassen den Schluß zu,
daß in den meisten Fällen eine hinreichend gute Entkopplung durch die
angegebene Näherung erwartet werden kann.
An zwei Beispielen soll mit Hilfe des Frequenzkennlinienverfahrens [24]
gezeigt werden, wie man bei der angenäherten Bestimmung der Entkopplungsregler vorzugehen hat.

### 7.1.  Entkopplung durch PI-Regler

Von den handelsüblichen Reglern soll zunächst der PI-Regler zur Entkopplung benutzt werden. Dazu wird eine Regelstrecke angenommen, bei
der folgende Frequenzgänge gelten:

$$
\left.
\begin{aligned}
S_{11} &= \frac{1}{(1 + 0{,}5\,j\omega)^3}, \\[2ex]
S_{22} &= \frac{1}{(1 + 0{,}5\,j\omega)\,(1 + 0{,}1\,j\omega)^2}, \\[2ex]
S_{12} &= \frac{1}{(1 + 0{,}5\,j\omega)\,(1 + 0{,}1\,j\omega)^2}, \\[2ex]
S_{21} &= \frac{1}{(1 + 0{,}5\,j\omega)^2}.
\end{aligned}
\right\} \qquad (60)
$$

Die Hauptregler seien PI-Regler, die nach [27] auf 5% Überschwingen
optimiert werden:

$$
R_{11} = \frac{0{,}33}{j\omega}\,(1 + 0{,}5\,j\omega), \qquad (61)
$$

$$
R_{22} = \frac{0{,}7}{j\omega}\,(1 + 0{,}5\,j\omega). \qquad (62)
$$

Dabei werden nur die Hauptstrecken $S_{11}$ bzw. $S_{22}$ berücksichtigt.
Nach den Gln. (21d) und (21e) lassen sich die exakten Formen der Entkopplungsregler finden.

$$
R_{12} = \frac{0{,}7\,(1 + 0{,}5\,j\omega)^3}{j\omega\,(1 + 0{,}1\,j\omega)^2} \qquad (63)
$$

46

$$R_{21} = \frac{-0,33}{j\omega}\,(1 + 0,1\,j\omega)^2\,. \tag{64}$$

$R_{12}$ und $R_{21}$ sind im Bild 34 dargestellt (stark ausgezogen).

Die im Bild 34 dargestellten Frequenzkennlinien ergeben sich durch Konstruktion aus den Elementargliedern. Die Gln. (63) und (64) sind deshalb bereits in einer Form geschrieben, aus der zu entnehmen ist, aus welchen Elementargliedern sich die gesamte Funktion zusammensetzt. Das gleiche gilt für alle folgenden Frequenzkennlinien.

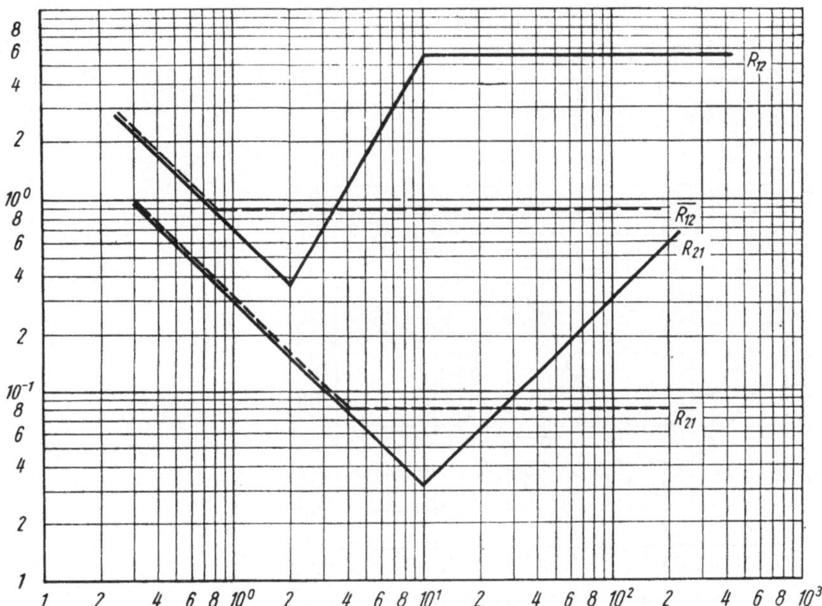



Bild 34. Entkopplung durch PI-Regler

Die angenäherten Entkopplungsregler $\overline{R}_{12}$ und $\overline{R}_{21}$ werden grafisch ermittelt und ergeben sich zu

$$\overline{R}_{12} = \frac{0,7}{j\omega}\,(1 + 0,125\,j\omega), \tag{65}$$

$$\overline{R}_{21} = -\,\frac{0,33}{j\omega}\,(1 + 0,25\,j\omega). \tag{66}$$

$\overline{R}_{12}$ und $\overline{R}_{21}$ sind im Bild 34 gestrichelt gekennzeichnet.

## 7.2. Entkopplung durch PID-Regler [25]

Es wird die gleiche Zweifachregelstrecke benutzt wie für den PI-Regler. Jetzt seien die Regler $R_{11}$ und $R_{22}$ und die Entkopplungsregler PID-Regler. Die Regler $R_{11}$ und $R_{22}$ werden wieder nach [27] als einschleifige Regelkreise optimiert; es ergeben sich

$$R_{11} = \frac{0{,}33}{j\omega}\,(1 + 0{,}5\,j\omega)^2, \tag{67}$$

$$R_{22} = \frac{0{,}7}{j\omega}\,(1 + 0{,}5\,j\omega)\,(1 + 0{,}1\,j\omega). \tag{68}$$

Die exakten Frequenzgänge der Entkopplungsregler erhält man wieder
aus Gl. (21d) und (21e) zu

$$R_{12} = \frac{0{,}7}{j\omega}\,\frac{(1 + 0{,}5\,j\omega)^3}{(1 + 0{,}1\,j\omega)}\,, \tag{69}$$

$$R_{21} = -\,\frac{0{,}33}{j\omega}\,(1 + 0{,}5\,j\omega)\,(1 + 0{,}1\,j\omega)^2. \tag{70}$$

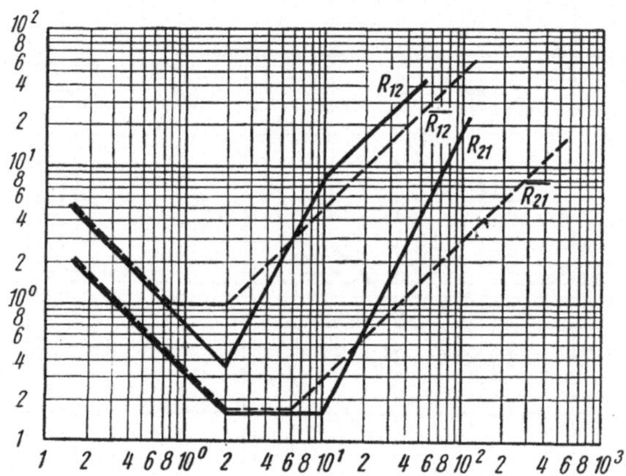


Bild 35. Entkopplung durch PID-Regler

Die grafische Ermittlung der angenäherten Entkopplungsregler ergibt
Bild 35:

$$\overline{R}_{12} = \frac{0{,}7}{j\omega}\,(1 + 1{,}4\,j\omega)\,(1 + 0{,}5\,j\omega), \tag{71}$$

$$\overline{R}_{21} = -\,\frac{0{,}33}{j\omega}\,(1 + 0{,}5\,j\omega)\,(1 + 0{,}17\,j\omega). \tag{72}$$

Im Bild 34 sind $R_{12}$ und $R_{21}$ stark ausgezogen und $\overline{R}_{12}$ und $\overline{R}_{21}$ gestrichelt
gezeichnet.


## 7.3. Ergebnisse der angenäherten Entkopplung [25]

Die Ergebnisse einer angenäherten Entkopplung durch handelsübliche
Regler sollen anhand der Übergangsfunktionen von $x_1$ und $x_2$ gezeigt
werden, wenn $w_1$ einen Sprung ausführt (Bild 36).

Das Bild 36a zeigt das Verhalten von $x_1$ und $x_2$ bei nichtentkoppelten Regelkreisen und Bild 36b bei einer angenäherten Entkopplung durch handelsübliche PID-Regler.

Die Ergebnisse, die hier für eine Zweifachregelung angegeben wurden, können als befriedigend angesehen werden. Allgemein ist zu bemerken, daß sich PID-Regler besser zur Entkopplung eignen, da mit Hilfe des D-Anteils Verzögerungen der Koppelstrecken kompensiert werden können. Mit dieser Methode wird eine vollständige Entkopplung nur im Beharrungszustand erreicht. Eine dynamische Entkopplung wäre wesentlich aufwendiger und wird in den meisten Fällen auch nicht benötigt. Die für Zweifachregelungen gefundenen Ergebnisse können sinngemäß auf Mehrfachregelungen übertragen werden.

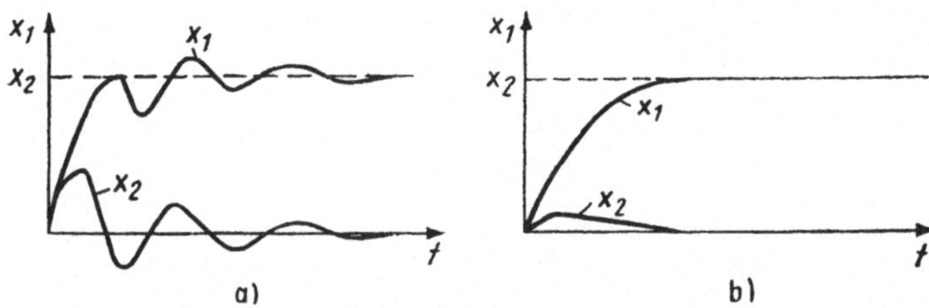


*Bild 36. Verhalten der Regelgrößen $x_1$ und $x_2$ bei einem $w_1$-Sprung (nach Bild 18)*
a) nicht entkoppelt;
b) angenähert entkoppelt durch PID-Regler

Es wurden die Gleichungen einer Zweifachregelung und die Entkopplungsbedingungen angegeben. Nach diesen Bedingungen lassen sich die exakten Gleichungen der Entkopplungsregler berechnen. Wegen ihrer Kompliziertheit können diese Gleichungen oft schwer realisiert werden.

Deshalb wird eine Methode angegeben, die Entkopplungsregler näherungsweise durch handelsübliche PI- und PID-Regler zu realisieren. Gefunden werden die Werte der angenäherten Entkopplungsregler grafisch aus den Asymptotenkonstruktionen des Amplitudengangs der exakten Form. Außerdem ist zu beachten, daß die angegebenen Formeln für eine bestimmte Struktur der Mehrfachregelung gelten, nämlich für die $p$-kanonische Form. Führt man Mehrfachregelungen auf andere Grundstrukturen zurück, müssen die Gleichungen erst bestimmt werden.

## 8.  Einsatz von Rechnern bei Mehrfachregelungen

Wie wir wissen, handelt es sich bei den Mehrfachregelungen meist um komplizierte und schwer überschaubare Abhängigkeiten, so daß sich hier die Möglichkeiten einer rechnerischen Behandlung durch den Menschen sowie einer Realisierung mit Hilfe der konventionellen Gerätetechnik sehr bald erschöpfen. Hier stellt jedoch die moderne Rechentechnik neuartige Hilfsmittel und Einrichtungen zur Verfügung, die das Tätigkeitsfeld auf

diesem Gebiet erheblich erweitern. Ehe wir uns mit den verschiedenen
Einsatzmöglichkeiten von Rechenmaschinen im Zusammenhang mit der
Mehrfachregelung befassen, soll zunächst ein kurzer Überblick über die
Besonderheiten dieses Gebiets gegeben werden.


### 8.1. Übersicht über die Arten von Rechnern

Entsprechend der verschiedenenartigen Darstellung mathematischer Größen können die Rechenmaschinen zunächst in Analog- und Digitalrechner
unterteilt werden. Über beide Arten wurde bereits im Rahmen dieser
Reihe ausführlich berichtet [19] [20] [21] [22] RA 40; 6; 5; 12. Es ist
daher ausreichend, wenn an dieser Stelle einige Besonderheiten der verschiedenen Kategorien von Rechenmaschinen, die für die weitere Behandlung von Bedeutung sind, kurz herausgestellt werden.

Das Wesen eines Analogrechners besteht darin, daß durch besondere
gerätetechnische Einrichtungen — im wesentlichen entsprechend beschal-
tete Operationsverstärker — physikalische Vorgänge erzeugt werden, deren
zeitlicher Ablauf der abzubildenden Gesetzmäßigkeit formal analog ist.
Die Arbeitsweise ist kontinuierlich. Der Rechenvorgang findet zumeist im
Abbildungsbereich elektrischer Größen statt, wobei allgemein Gleichspan-
nungen bevorzugt werden. Die Ausgabe erfolgt in Form einer kontinuier-
lichen Zeitfunktion der Abbildungsgröße, die meist in irgendeiner Form
aufgezeichnet wird.

Zu den Vorteilen des Analogrechners zählt u. a. die direkte, leicht zu er-
lernende Programmierung sowie die Anschaulichkeit des Rechenvorgangs,
da die Durchführung der Operation an einen physikalischen Prozeß gebunden ist. Die Genauigkeit ist sehr stark kostenabhängig, wobei die wirt-
schaftliche Grenze allgemein bei 0,5% liegt.

Die Einsatzmöglichkeiten von Analogrechnern erstrecken sich in dem
hier interessierenden Zusammenhang auf die Lösung spezifischer Klassen
von mathematischen Aufgaben, unter denen für regelungstechnische Be-
lange vor allem die Differential- und Integralgleichungen besonders inter-
essieren. Das zweite wichtige Anwendungsgebiet besteht in der direkten
Modellierung regelungstechnischer Systeme.

Für den Digitalrechner ist charakteristisch, daß die mathematischen Größen in numerischer Form, d. h. also in Ziffern eines bestimmten Zahlen-
systems (Kode), dargestellt werden. Besondere Bedeutung hat hier das
duale Zahlensystem, da die hierfür benötigten diskreten Zustände (O und
L) mit elektromechanischen oder elektronischen Mitteln sehr zuverlässig
realisiert werden können. Die Arbeitsweise von Digitalrechnern ist diskon-
tinuierlich, da die Durchführung der Rechnung mit einem bestimmten
Wertesatz eine gewisse Zeit erfordert. Eine weitere Besonderheit besteht
darin, daß vom Prinzip her nur algebraische Rechenoperationen durchgeführt werden können. Daher muß jede Aufgabe letztlich auf die Anwendung der vier Grundrechenarten zurückgeführt werden. Berechnungen
auf Digitalrechnern erfordern meist eine umfangreiche Vorbereitungs-
arbeit, wobei auch die Programmierung gegenüber dem Analogrechner im
allgemeinen schwieriger ist und ein entsprechend geschultes Personal verlangt.

50

Der Umgang mit digitalen Rechenmaschinen erfordert im Vergleich zum Analogrechner einen höheren Grad der Abstraktion, da hier keine Zuordnung zwischen der zu lösenden Aufgabe und einem bestimmten physikalischen Vorgang besteht.

Die Genauigkeit des Digitalrechners ist praktisch unbegrenzt und wird durch die Anzahl der Dezimalstellen jeweils festgelegt.

Digitale Rechenmaschinen können sowohl für die Durchführung der verschiedenartigsten Berechnungen als auch für formal-logische Operationen benutzt werden. Eine Begrenzung des Einsatzes erfolgt praktisch nur durch die Leistungsfähigkeit der jeweiligen Maschine sowie durch die Kosten.

Außer nach dem Arbeitsprinzip unterscheidet man bei Rechnern ferner zwischen Universal- und Spezialrechenmaschinen. Ein besonderes Merkmal der Universalmaschinen besteht in der freien Programmierbarkeit. Universelle Analogrechner werden im allgemeinen „steckprogrammiert‘‘, d. h., das abzuarbeitende Programm wird durch steckbare Leitungsverbindungen hergestellt. Bei Universalrechnern auf digitaler Basis wird hingegen der zu verarbeitende Algorithmus in den Speicher der Maschine in Form von Instruktionen (Befehle) eingegeben; sie werden daher „speicherprogrammiert‘‘.

Spezialrechner werden für gewisse, immer wiederkehrende Aufgaben meist begrenzteren Umfangs eingesetzt. Da der Algorithmus hier festliegt, wird das Rechenprogramm im allgemeinen durch eine feste Verdrahtung realisiert und ist somit unverlierbar.


## 8.2.  Rechner als Hilfsmittel zur Behandlung von Mehrfachregelungen

Die Anwendungsmöglichkeit von Rechenmaschinen als Arbeitsmittel erstreckt sich praktisch über die ganze Breite der zu lösenden Aufgaben, angefangen von der Systemanalyse, der Stabilitätsanalyse bis hin zur Reglersynthese.

a) Einsatz von Rechnern bei der Systemanalyse

Bei der statistischen Systemanalyse ist der Rechner zur Bewältigung des hierbei anfallenden Datenmaterials praktisch nicht zu entbehren. Infolge der zunehmenden Bedeutung statistischer Analyseverfahren wird der diesbezügliche Einsatz von Rechnern in Zukunft wahrscheinlich stark ansteigen.

Bei der Durchführung einer statistischen Analyse stellt sich als erstes die Aufgabe, die Korrelationsfunktionen der stochastischen Signale entsprechend der Gln. (45), (46) bzw. (54) bis (59) zu berechnen. Da der anzuwendende Algorithmus verhältnismäßig einfach ist sowie an die Genauigkeit nur mäßige Anforderungen gestellt werden, können hier analoge Recheneinheiten mit Erfolg eingesetzt werden. Aus Kostengründen empfiehlt sich die Verwendung eines kleinen Spezialrechners (Korrelators), der zu diesem Zweck über entsprechende Einrichtungen zur Realisierung der Verzögerung, zur Multiplikation der beiden Anteile $x(t)$ und $x(t + \tau)$ für diskrete Werte von $\tau$, sowie zur Integration dieses Produkts über einen zuvor festgelegten Zeitraum $T$ verfügt. Bild 37 zeigt das entsprechende Strukturbild des Korrelators.

Im Abschn. 6.3. wurde erkannt, daß die Hauptschwierigkeit bei der Durchführung einer statistischen Analyse von Regelungssystemen in der Lösung der Gl. (43) besteht. Soweit nicht eine Lösung mit Hilfe der Fouriertransformation [vgl. Gln. (47) bis (54)] vorgesehen ist, für deren Durchführung ebenfalls die Verwendung einer Rechenmaschine zweckmäßig ist, bedient man sich zur direkten Lösung verschiedenartiger algebraischer Methoden. Hierzu wird die Gl. (43) zunächst durch eine Summe linearer algebraischer Gleichungen ersetzt:

$$\psi_{yx}(\tau) = \sum_{n=0}^{N} g(n\,T)\,\psi_{xx}(\tau - n\,T)\,T. \qquad (73)$$

Für $\tau$ werden die Werte $T$, $2T$, ... angenommen, so daß ein System von $N$ Gleichungen mit $N$ Unbekannten entsteht, für dessen Auflösung für größere Werte von $N$ praktisch nur ein Digitalrechner in Betracht kommt.

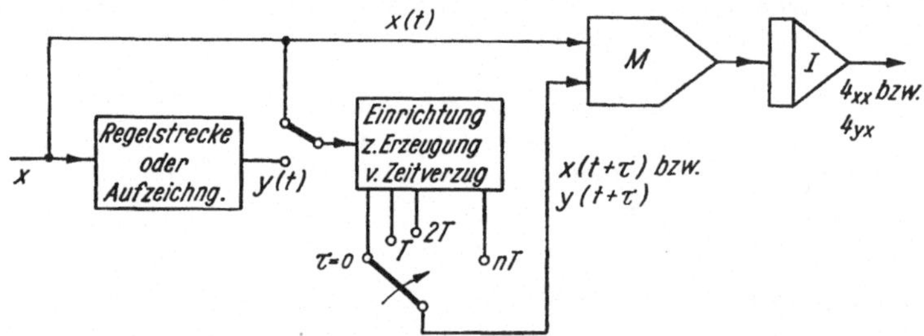


Bild 37. *Prinzipschaltbild eines Korrelators*

Weitere Aufgaben für den Rechner bei der Kennwertermittlung ergeben sich aus der Berechnung von Tabellen und Diagrammen zur schnellen Durchführung von Systemanalysen mit Hilfe des Funktionstests, bei der Umrechnung von Gewichtsfunktionen in Übergangsfunktionen und Frequenzgänge bzw. umgekehrt sowie auch bei der Durchführung der Ortskurvenanalyse [16].

Eine besonders wichtige Anwendung von Analogrechnern besteht darin, die im Ergebnis einer Analyse von Mehrfachregelungssystemen erhaltenen komplizierten Übertragungsbeziehungen durch einfachere Ausdrücke anzunähern. Zu diesem Zweck wird das komplexe System auf einem Analogrechner modelliert und sein Verhalten bezüglich der verschiedenen Eingangsgrößen getestet. Nach dem Verlauf der Antwortreaktionen wird ein einfacheres Approximationssystem bestimmt, dessen Parameter so eingestellt werden, daß das Verhalten des Originalsystems mit hinreichender Genauigkeit widergespiegelt wird.

**b) Einsatz von Rechnern für Regelkreisuntersuchungen**

Rechner haben darüber hinaus eine besondere Bedeutung bei der Berechnung des Verhaltens ganzer regelungstechnischer Systeme, insbesondere von Mehrfachregelungen. So können viele Aufgaben, wie z. B.

die Berechnung der Systemreaktionen auf bestimmte Eingangsgrößen, die Durchführung von Stabilitätsanalysen, die Synthese von Regeleinrichtungen usw., die infolge des Umfangs oder Schwierigkeitsgrads der Berechnungen bei ausgedehnteren Systemen oftmals nicht mehr bewältigt werden können, erst unter Benutzung von Rechenmaschinen durchgeführt werden. Neben dem frei programmierbaren Digitalrechner werden hier vielfach auch Differentialanalysatoren eingesetzt.

Die oftmals beträchtlichen Schwierigkeiten einer rein rechnerischen Lösung können umgangen werden, wenn das jeweilige Problem auf einem Analogrechner (Modellregelkreis, Simulator) modelliert wird. Die besonderen Vorteile derartiger Analogiemodelle bestehen vor allem darin, daß bei der Programmierung direkt von der physikalischen Struktur des zugrunde liegenden Problems ausgegangen werden kann, die ablaufenden Vorgänge an jeder beliebigen Stelle auf einfache Weise sichtbar gemacht und die Wirkung von Parametervariationen unmittelbar verfolgt werden können. Neben einer Transformation des Signalträgers ist es häufig auch angebracht, im zeittransformierten Maßstab zu arbeiten, um auf diese Weise den Modellvorgang möglichst gut an die Eigenschaften des Beobachters anzupassen.

Das Arbeiten am Simulator ersetzt häufig das Experiment am konkreten Objekt. Das Analogiemodell ist hierbei grundsätzlich einfacher und übersichtlicher und gestattet auch, bei Verwendung eines zeitverkürzten Maßstabs schneller zu Ergebnissen zu gelangen, als es am Originalsystem möglich wäre. Die Modelluntersuchung bietet darüber hinaus die Möglichkeit, die Untersuchungen unter Elimination der Umwelteinflüsse, d. h. also ohne Störbeeinflussung, vorzunehmen. Andererseits braucht bei den am Modell stellvertretend durchgeführten Experimenten das Originalsystem nicht künstlich gestört zu werden. Schließlich können im Modell Zustände nachgebildet werden, die im Originalbereich schwer oder beispielsweise aus Gründen der Betriebssicherheit überhaupt nicht realisierbar sind.

c) Einsatz von Rechnern bei der Berechnung der Reglerfunktionen

Ein sehr wichtiges Anwendungsgebiet von Rechenmaschinen im Zusammenhang mit Mehrfachregelungen bildet die Berechnung von Entkopplungsnetzwerken gemäß Gln. (21) und (22). Mit steigender Zahl der Eingangsvariablen erschöpfen sich sehr bald die Möglichkeiten einer manuellen Rechnung.

Eine exakte Realisierung der Entkopplungsbedingungen durch einen Mehrfachregler ist nach den Ausführungen von Abschn. 5. nicht immer technisch möglich bzw. unökonomisch. Wie gezeigt wurde, läßt sich jedoch eine angenäherte Entkopplung erreichen, indem die berechneten, meist sehr komplizierten Entkopplungsbedingungen durch einfachere Approximationen ersetzt werden. Die Dimensionierung dieser Approximationsglieder erfordert einen größeren rechnerischen Aufwand, indem entweder eine Ausgleichsrechnung, z. B. nach der Methode der kleinsten Fehlerquadrate, bzw. eine Berechnung der Approximationsfunktionen mit Hilfe verallgemeinerter Laguerrefunktionen vorgenommen werden muß. Zur Durchführung der Rechnungen empfiehlt sich wiederum die Verwendung eines Digitalrechners.

### 8.3.  Rechner als komplexer Mehrfachregler

Nachdem wir bisher die Einsatzmöglichkeiten von Rechenmaschinen als
Arbeitsmittel, d. h. also im Sinn eines „verlängerten Rechenschiebers",
untersucht haben, soll nunmehr deren Anwendung als komplexe Regeleinrichtung betrachtet werden.

a) Realisierung der Regeleinrichtung durch Einzelregler und Spezial-
rechenschaltungen

Man könnte zunächst beabsichtigen, die Realisierung der Haupt- und
Entkopplungsreglerfunktionen eines Mehrfachregelungssystems gemäß
Bild 3 jeweils analogen Einzelreglern zu übertragen, insbesondere wenn
an die im Abschn. 7. erläuterte Möglichkeit gedacht wird, die Entkopplungsglieder durch einfache PI-, PD- und PID-Glieder zu appro-
ximieren. Werden diese verschiedenen Haupt- und Entkopplungsregler
in zentralisierter Form angeordnet, so läßt sich die hierbei erhaltene
Einrichtung bereits als festverdrahteter analoger Spezialrechner auf-
fassen.

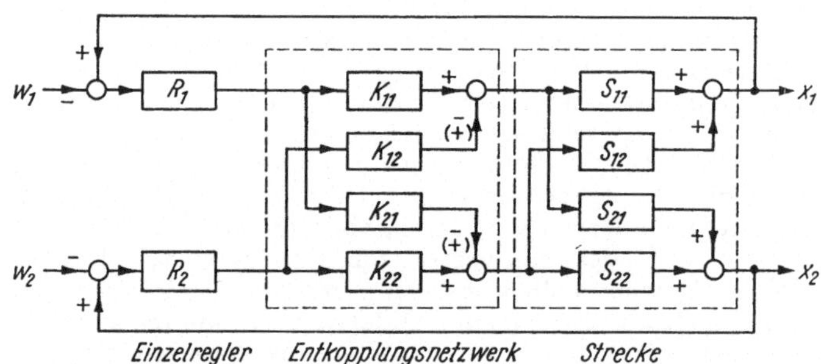


*Bild 38. Signalflußbild eines autonomen Zweifachregelkreises mit Einzelreglern
und Entkopplungsnetzwerk*

Eine andere Gerätelösung besteht darin, das System der Haupt- und
Entkopplungsregler [Gln. (21) und (22)] so umzuformen, daß sie entsprechend Bild **38** durch eine Kettenschaltung von „Geradeausreglern"
$R_1$, $R_2$, ... und eines Entkopplungsnetzwerks mit den Übertragungsgliedern $K_{11}$, $K_{12}$, $K_{21}$, $K_{22}$ ersetzt werden können, wobei erstere
wiederum durch analoge Einzelregler und das Entkopplungsnetzwerk
durch eine Spezialrechenschaltung realisiert werden können. Die Umrechnung sei für den Fall eines Zweifachregelkreise angegeben. Geht
man wiederum von den Beziehungen der Gln. (21a) bis (21d) aus, so
gilt:

$$R_1 = \frac{R_{11}}{S_{22}}, \quad R_2 = \frac{R_{22}}{S_{11}},$$

$$K_{11} = S_{22}, \quad K_{22} = S_{11},$$

$$K_{12} = S_{21}, \quad K_{21} = S_{12}. \tag{74}$$

b) Realisierung der Regeleinrichtung durch Analogrechner

Da die Anzahl der zu realisierenden Regler-Übertragungsfunktionen dem Produkt aus der Zahl der Ein- und Ausgangsgrößen ($m \times n$) entspricht, steigt der gerätetechnische Aufwand bei Verwendung von Einzelreglern für mehrere Variable stark an. Aus diesem Grund ist es hier zweckmäßig, zur Verwirklichung der Reglerfunktionen auf die leistungsfähigeren Rechenmaschinen überzugehen. Besonders geeignet sind hier Analogrechner, auf denen die benötigten Gleichungen direkt abgebildet werden können. Ein weiterer Vorteil besteht darin, daß die Koeffizienteneinstellung in ähnlicher Weise wie bei den Einzelreglern vorgenommen werden kann. Rechenmaschinen bieten darüber hinaus größere Freiheiten bezüglich der Realisierbarkeit komplizierterer Entkopplungsglieder.

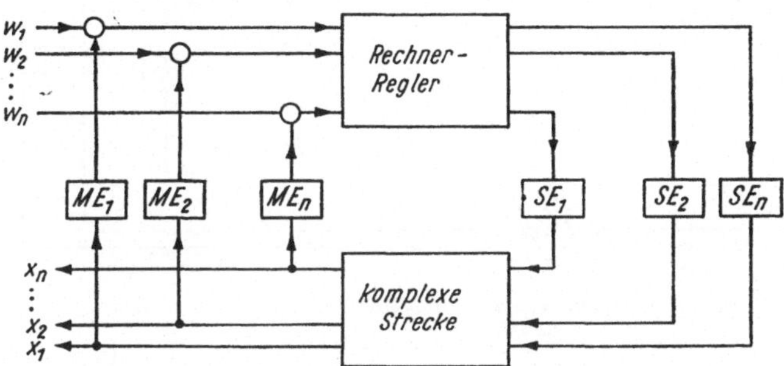


*Bild 39. Prinzipschaltbild einer Rechnerregelung*

Das verallgemeinerte Schema einer solchen Rechnerregelung eines Mehrfachregelungssystems zeigt Bild 39. Gegenüber den im Abschn. 8.2. behandelten Rechneranwendungen ergibt sich hier die Besonderheit, daß der Rechner einem bestimmten Prozeß ständig zugeordnet und mit diesem fest verbunden ist. Es ist daher zweckmäßig, die Programmstruktur des Rechners durch eine feste Verdrahtung zu verwirklichen. Hierdurch wird das Gerät zu einem prozeß-spezifischen Einzweckrechner. Als weiterer wesentlicher Unterschied zu anderen Rechneranwendungen ist zu vermerken, daß die Rechenmaschine Bestandteil eines in sich geschlossenen Wirkungsablaufs (on-line-closed-loop-Betrieb) ist und sich als solche in ununterbrochenem Betrieb befindet. Es werden daher sehr viel höhere Anforderungen an die Zuverlässigkeit und Lebensdauer gestellt als an gewöhnliche Rechner.

c) Realisierung der Regeleinrichtung durch Digitalrechner

Bei sehr großen Mehrfachregelungssystemen ergibt sich eine wirtschaftlichere Lösung, wenn der komplexe Mehrfachregler durch einen Digitalrechner realisiert wird. Außerdem bestehen infolge der freizügigeren Programmgestaltung, der meist erheblich höheren Rechenkapazität sowie einer praktisch beliebigen Rechengenauigkeit wesentlich erweiterte Möglichkeiten für die Verwirklichung eines komplexen Mehrfachreglers.

Beim Einsatz von Digitalrechnern in Regelkreisen sind gegenüber dem
Analogrechner bzw. den konventionellen analogen Einzelreglern verschiedene Erweiterungen notwendig. Da es sich um einen Digitalrechner handelt, müssen die anstehenden Analogwerte zunächst in dem
Kode des Rechners dargestellt werden. Diesem Zweck dienen die Ana-
log-Digital-Umsetzer (Bild 40). Eine weitere Besonderheit ergibt sich

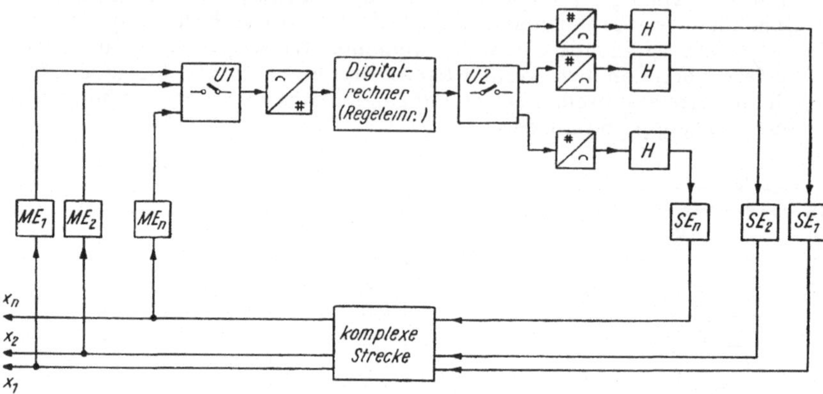


*Bild 40. Blockschaltbild eines Mehrfachregelungssystems mit direkter digitaler Re-
gelung (DDC)*

aus der zeitmultiplexen (seriellen) Arbeitsweise des Rechners. Das bedeutet, daß die Reglerfunktionen für die einzelnen Haupt- und Entkopplungsregler nacheinander berechnet werden müssen. Infolge der
endlichen Rechenzeit können von dem analogen Vorgang nur zu diskreten Zeitpunkten Wertesätze übernommen werden. Dies wird im
Signalflußbild durch die Schalter am Ein- und Ausgang des Rechners
verdeutlicht. Wird ferner beachtet, daß die in den Rechner übertra-
genen Momentanwerte der Eingangsgrößen während der Berechnung
abgespeichert, also gehalten werden müssen, so erkennt man, daß es
sich im vorliegenden Fall um ein Abtastsystem (sampled data system)
mit Mehrfachregelungscharakter handelt. Zwischen der Meßwertüber-
nahme und der Ausgabe der berechneten Stellgrößen liegt die Rechenzeit, deren Größe von der Operationsgeschwindigkeit des Rechners,
der Anzahl der Variablen sowie vom Programm zur Berechnung der
Reglerfunktionen abhängt. Diese Rechenzeit ist als Totzeit wirksam.

Zur Veranschaulichung der Realisierung des Reglerzeitverhaltens durch
einen Digitalrechner werde die Bildung des Integralanteils erläutert.
Für die Berechnung des Integrals (Ausgangsgröße $y_n^*$) zum Zeitpunkt $t_n$
stehen dem Digitalrechner neben der Eingangsgröße $x_n^*$ die Werte aus
früheren Tastperioden

$$x_n^*; \; x_{n-1}^*; \; x_{n-2}^*; \; \ldots; \; x_{n-j}^*$$

56

sowie die zuletzt berechnete Ausgangsgröße $y_{n-1}^*$ zur Verfügung. Damit braucht nur noch das Integral innerhalb der Grenzen $t_1 = t_{n-1}$ und $t_2 = t_{n-1} + T$ berechnet und dem Wert $y_{n-1}^*$ hinzugefügt zu werden:

$$y_n^* = y_{n-1}^* + \int\limits_{t_{n-1}}^{t_{n-1}+T} x\,(t)\,\mathrm{d}t. \tag{75}$$

Hierin bezeichnet $x\,(t)$ den Funktionsverlauf der Eingangsgröße. Da für die Berechnung nur diskontinuierliche Werte zur Verfügung stehen, muß die Integration durch eine Summation ersetzt werden.

Man geht nun in der Weise vor, daß auf Grund der gespeicherten Eingangswerte aus früheren Tastperioden die Rückwärtsdifferenzen (Symbol $\nabla$) berechnet werden. Die Rückwärtsdifferenz erster Ordnung ist der Unterschied zwischen den Werten einer Funktion $x_n$ an den Stellen $t_n$ und $t_{n-T}$. Dies schreibt man

$$\nabla x_n^* = x_n^* - x_{n-1}^*. \tag{76a}$$

Für die Differenz zweiter Ordnung gilt

$$\nabla^2 x_n^* = \nabla x_n^* - \nabla x_{n-1}^* = x_n^* - 2\,x_{n-1}^* + x_{n-2}^*. \tag{76b}$$

Entsprechend folgt für beliebige Ordnung $r$

$$\nabla^r x_n^* = \nabla^{r-1} x_n^* - \nabla^{r-1} x_{n-1}^* = \sum_{j=0}^{r} (-1)^j \binom{r}{j} x_{n-1+r-j}^*. \tag{76c}$$

Die Koeffizienten dieser Summanden entsprechen den Binomialkoeffizienten und werden berechnet gemäß

$$\binom{r}{j} = \frac{r!}{j!\,(r-j)!}. \tag{77}$$

Zur Berechnung eines Approximationspolynoms für die Funktion $x\,(t)$ erweist sich in vielen Fällen die Gregory-Newtonsche Interpolationsformel als besonders geeignet:

$$x\,(t) = x_n^* + t\,\nabla x_n^* + \frac{t\,(t+1)}{2!}\,\nabla^2 x_n^* + \frac{t\,(t+1)\,(6\,t+2)}{3!}\,\nabla^3 x_n +$$
$$\ldots + \frac{t\,(t+1)\,\ldots\,(t+r-1)}{r!}\,\nabla^r x_n^*. \tag{78}$$

Die Integration dieser Beziehung über die Tastperiode $T$ entsprechend Gl. (78) liefert

$$\nabla x_n = T\left[x_n^* - \frac{1}{2}\,\nabla x_n^* - \frac{1}{12}\,\nabla^2 x_n^* - \frac{1}{24}\,\nabla^3 x_n^* - \ldots\right]. \tag{97}$$

Bricht man nach dem zweiten Glied ab, so ergibt sich unter Berücksichtigung von Gl. (75)

$$y_n^* = y_{n-1}^* + \frac{T}{2}\left[x_n^* + x_{n-1}^*\right] . \tag{80a}$$

In ausführlicher Schreibweise bedeutet dies:

$$y_n^*\,(t_n) = y_n^*\,(t_n - T) + \frac{T}{2}\left[x_n^*\,(t_n) + x_n^*\,(t_n - T)\right] . \tag{80b}$$

Wird diese Gleichung in den Laplacebereich transformiert, so erhält man nach einer Umstellung die Übertragungsfunktion

$$F^*\,(p) = \frac{Y^*\,(p)}{X^*\,(p)} = \frac{T}{2}\,\frac{1 + e^{-pT}}{1 - e^{-pT}} . \tag{81}$$

Von der weiteren Verfolgung des Lösungswegs können wir an dieser Stelle absehen und werden noch einige Bemerkungen zur Ausgabeseite von Digitalrechnern anschließen.

Hier besteht wiederum die Aufgabe, die berechneten Stellbefehle nacheinander an die verschiedenen Stellglieder zu übermitteln, was im Bild 40 durch eine entsprechende Umschalteinrichtung dargestellt ist. Zur Anpassung der hohen Rechengeschwindigkeit an das Verhalten der Stelleinrichtungen ist die Zwischenschaltung von Haltegliedern erforderlich. Schließlich ist die Digitalausgabe an einer Stelle wieder in Analogwerte umzuwandeln, wofür entsprechende D/A-Umformer benötigt werden.

Für diese verschiedenen Funktionen bestehen mannigfaltige gerätetechnische Lösungsmöglichkeiten. Als besonders günstige Lösung scheint sich hier die Verwendung von Schrittmotoren durchzusetzen, die sowohl die Funktion eines Impulsumsetzers und eines Halteglieds erfüllen.

Beim Einsatz von Digitalrechnern als Regeleinrichtung ist besonders zu beachten, daß hier sehr hohe Anforderungen an die Rechengeschwindigkeit und Zuverlässigkeit gestellt werden. Die in dieser Beziehung in der letzten Zeit erzielten Fortschritte berechtigen zu der Hoffnung, daß bei der Regelung komplexer industrieller Prozesse die digitale Mehrfachregelung in Zukunft eine verbreitete Anwendung finden wird.


## 9.    Entwicklungstendenzen

Der allgemein exponentielle Trend der Entwicklung der Wissenschaften, im Bild 41 an der Entwicklung der Anzahl der erschienenen Zeitschriften demonstriert, beeinflußt besonders stark das Gebiet der Regelungstechnik. Das Gebiet der vermaschten Systeme, darunter speziell das Gebiet der Mehrfachregelungen, wurde vor einigen Jahren nur von vereinzelten Spezialisten bearbeitet, bestimmte 1966 auf dem 3. IFAC-Kongreß bereits einen Schwerpunkt der Vorträge und Diskussionen.

Die Zunahme der Komplexität einer technologischen Anlage bringt immer
größere Vermaschungen mit sich, die sich auf alle Regelungs- und Steue-
rungsprobleme auswirken. Dem Projektierungsingenieur der Zukunft werden die hier in diesem Band geschilderten Methoden der Mehrfachregelung
als selbstverständliches Rüstzeug erscheinen.

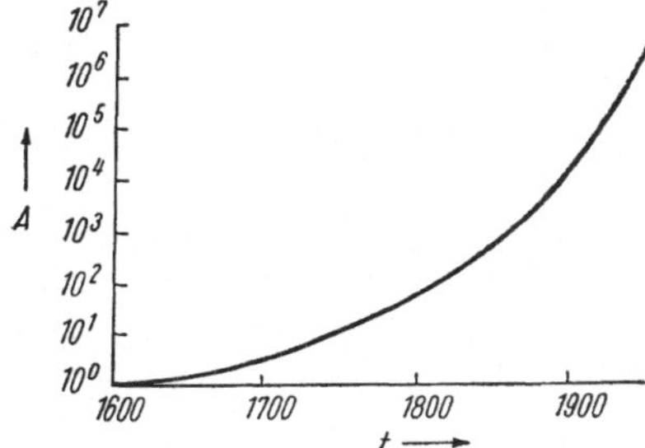

*Bild 41. Anzahl der erschienenen Fach-
zeitschriften (A) als Funktion der Zeit
als Beispiel für die exponentielle Entwicklung der Wissenschaften*

Die zunehmende Komplexität der technologischen Prozesse erfordert den
Einsatz wissenschaftlich-technischer Rechner zur Simulierung der Regel-
kreise. Auf diese Weise erhält der Projektierungsingenieur Einstellwerte
der Regeleinrichtungen und Garantiehinweise, z. B. für die maximale
Regelabweichung für sein Projekt. Zum Einsatz kommen Analog- und
Digitalrechner.
Die zunehmende Komplexität und Vermaschung der Prozesse erfordert
für eine optimale Fahrweise ebenso Regelalgorithmen, die sich durch kon-
ventionelle Regeleinrichtungen nicht mehr in jedem Fall realisieren lassen.
Einen geschilderten Ausweg bildet der frei programmierbare Prozeß-
rechner, dessen Einsatz in Zukunft zunehmen wird. Die Entkopplungsbedingungen werden dann in dem Rechnerprogramm ihren Eingang
finden.
Die Behandlung von Mehrfachregelungen wird immer mehr eine Kol-
lektivarbeit von Ingenieuren, Verfahrenstechnikern, Mathematikern, Re-
chentechnikern und Technologen der jeweiligen Industriezweige werden.
Allen Beteiligten steht noch eine umfangreiche Arbeit bevor.

## 10.  Anhang

An dieser Stelle sollen einige erläuternde Ausführungen über die Begriffe
Übertragungsfunktion und Frequenzgang gemacht werden [19] RA 40.
Bei Vorliegen von Übertragungsgliedern allgemeiner Art (Bild 42a) gestattet die Übertragungsfunktion eine eindeutige Bestimmung des Aus-
gangssignals in Abhängigkeit vom Eingangssignal. Eine Übertragungsfunktion hat in Operatorenschreibweise folgende allgemeine Form:

$$F_{(p)} = \frac{x_a(p)}{x_e(p)} = \frac{a_n p^n + a_{n-1} p^{n-1} + \ldots + a_1 p + a_0}{b_m p^m + b_{m-1} p^{m-1} + \ldots + b_1 p + b_0} \cdot \tag{82}$$

Wird der Operator $p$ durch $j\omega$ ersetzt, so ist der Schritt zum Frequenzgang gemacht.

Die Entstehung des Frequenzgangs läßt sich anschaulich durch die Erregung eines linearen Übertragungsglieds mit einem sinusförmigen Eingangssignal mit konstanter Amplitude und der Kreisfrequenz $\omega$ erklären (Bild 42 b):

$$x_{\mathrm{e}}\,(t)\;=\;E\sin\omega t\,. \tag{83}$$

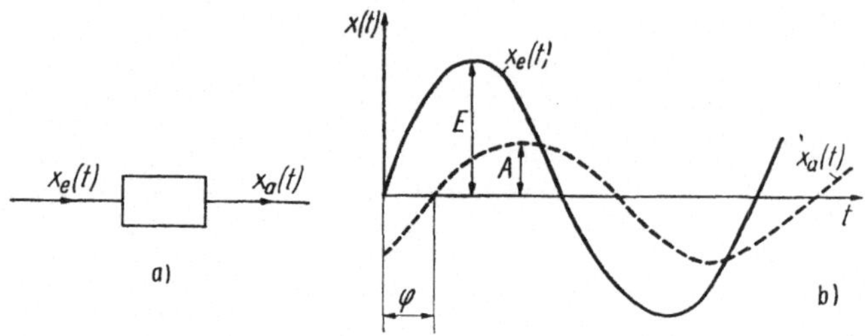

*Bild 42. Zur Definition des Frequenzgangs F $(j\omega)$*
a) Übertragungsglied;
b) Eingangsfunktion $x_{\mathrm{e}}\,(t)$ und Ausgangsfunktion $x_{\mathrm{a}}\,(t)$

Es stellt sich im eingeschwungenem Zustand am Ausgang ebenfalls eine Sinusschwingung mit gleicher Kreisfrequenz $\omega$, aber anderer Amplitude und Phasenlage ein

$$x_{\mathrm{a}}\,(t)\;=\;A\sin\,(\omega t + \varphi)\,. \tag{84}$$

Bildet man für alle $\omega$-Werte $(0 \leqq \omega \leqq \infty)$ diejenige komplexe Zahl, deren absoluter Betrag der Quotient der Amplituden von Aus- und Eingangssignal ist und deren Argument die Phasenverschiebung ist, so erhält man den Frequenzgang $F\,(j\omega)$:

$$F\,(j\omega)\;=\;\frac{A}{E}\,e^{j\varphi}\,. \tag{85}$$

Der Frequenzgang läßt sich grafisch als Ortskurve des Frequenzgangs oder durch Frequenzkennlinien darstellen. Einige Frequenzgänge für typische Übertragungsglieder sind in der Tafel 2 angegeben.

Zur besseren Veranschaulichung sind die statischen Kennlinien und die Übertragungsfunktionen mit angegeben.

# Literaturverzeichnis


[1] *Mesarovic, M. D.:* The Control of Multivariable Systems. New York — London: John Wiley & Sons, 1960.

[2] *Starkermann, R.:* Autonomisierung mehrfach geregelter Systeme. Neue Technik *4* (1962) S. 377—382.

[3] *Schwarz, H.:* Zur Autonomisierung mehrfach geregelter Systeme, Teil I und II. Regelungstechnik *13* (1965) H. 6, S. 286—293 und H. 8, S. 378—384

[4] *Weller, W.:* Beitrag zur Ermittlung der Dynamik von vermaschten Dampfsystemen. Diss. an der Techn. Universität Dresden, 1966.

[5] *Boksenboom, A. S.; Hood, R.:* General Algebraic Method applied to Control Analysis of Complex Engine Types. NACA Techn. Rept. 980, April 1950, S. 1—12.

[6] *Kavanagh, R. J.:* The Application of Matrix Methods to Multivariable Control Systems. J. Franklin Inst. 262 (1956).

[7] *Reimann, W.:* Einstellregeln für vermaschte Systeme. Unveröffentlichter Abschlußbericht des Inst. f. Regelungstechnik, Berlin, 1965.

[8] *Golomb, M.; Usdin, E.:* A Theory of Multidimensional Servo Systems. J. Franklin Inst. 253 (1952) 29.

[9] *Freeman, H.:* A Synthesis Method for Multipole Control Systems Trans. Amer. Inst. electr. Engrs. 76 (1957) Pt. II, 28.

[10] *Tu Xu-Yen:* Theory of an Harmonically Acting Control System with a Large Number of Controlled variables. Vortrag auf dem I. IFAC-Kongreß, Moskau, 1960.

[11] *Kindler, H.:* Probleme der Kennwertermittlung in der Regelungstechnik. msr 7 (1964) H. 8, S. 272 u. 273.

[12] *Weller, W.:* Die Verfahren zur Bestimmung der regelungstechnischen Kennwerte aus der gemessenen Übergangsfunktion. Zmsr *5* (1962) H. 8. S. 355—363.

[13] *Thal-Larsen, H.:* Frequency Response from Experimental Nonoscillatory Transient-Response Data. Trans. AIEE Part II *74* (1956) S. 109—114.

[14] *Schwarze, G.:* Übersicht über die Zeitprozentkennwertmethode zur Ermittlung der Übertragungsfunktion aus Gewichtsfunktion, Übergangsfunktion und Anstiegsantwort. msr *8* (1965) H. 10, S. 356—359.

[15] *Senf, B.; Strobel, H.:* Verfahren zur Bestimmung von Übertragungsfunktionen linearer Systeme aus gemessenen Werten des Frequenzganges. Zmsr *4* (1961) H. 10, S. 411—420.

[16] *Strobel, H.:* On a new Method of Determining Transfer-Functions by Simultaneous Evaluation of the Real and Imaginary Part of the Measured Frequency Response. Vortrag auf dem III. IFAC-Kongreß, London, 1966.

[17] *Solodownikow, W. W.; Uskow, A. S.:* Statistische Analyse von Regelstrecken. Berlin: VEB Verlag Technik 1963.

[18] *Oppelt, W.:* Kleines Handbuch technischer Regelvorgänge. 4. Aufl. Berlin: VEB Verlag Technik und Weinheim Bergstraße: Verlag Chemie 1964.

[19] *Bär, D.; Fuchs, H.:* Kleines Lexikon der Steuerungs- und Regelungstechnik. REIHE AUTOMATISIERUNGSTECHNIK, Bd. 40.

[20] *Sydow, A.:* Elektronische Analogrechner. REIHE AUTOMATISIERUNGSTECHNIK, Bd. 6.

[21] *Schubert, G.:* Digitale Kleinrechner. REIHE AUTOMATISIERUNGSTECHNIK, Bd. 5.

[22] *Stuchlik, F.:* Programmgesteuerte Universalrechner. REIHE AUTOMATISIERUNGSTECHNIK, Bd. 12.

[23] *Dittmann, H.:* Kennwertermittlung von Regelstrecken und Regelgeräten. REIHE AUTOMATISIERUNGSTECHNIK, Bd. 20.

[24] *Fuchs, H.; Könitzer, L.:* Digitale Meßwerterfassung. REIHE AUTOMATISIERUNGSTECHNIK, Bd. 46.

[25] *Fuchs, H.:* Entkopplung von Mehrfachregelungen durch PI- und PID-Regler. Technische Information GRW (1965) H. 1.

[26] *Zemlin, E.:* Das Frequenzkennlinienverfahren. REIHE AUTOMATISIERUNGSTECHNIK, Bd. 36.

[27] *Reinisch, K.:* Formel zur Bemessung von Regelkreisen einschließlich Totzeit unter Einwirkung determinierter aperiodischer Störungen. msr 7 (1964) H. 3.

[28] *Fuchs, H.:* Mehrfachregelungen. Unveröffentlichter Bericht des Instituts für Regelungstechnik Berlin.

Die weiteren Bände der REIHE AUTOMATISIERUNGSTECHNIK sind durch RA ... gekennzeichnet worden.

# Sachwörterverzeichnis


Analogrechner 52, 55
Analyse von Mehrfachsystemen 36
Angenäherte Entkopplung 45, 48
Autokorrelationsfunktion 42
Autonomie 24 ff., 32

Digitalrechner 52, 55
Dominierende Größen 7

Eigenautonomie 24
Einschleifiger Regelkreis 36
Einseitige Kopplung 7
Entkoppelte Regelung 23
Entkopplung 24, 31 f.
Entkopplungsbedingungen 25, 53
Entkopplungsnetzwerk 32, 53
Entkopplungsregler 26
Ergotisch 42

Fouriertransformation 38, 52
Frequenzgang 18, 38, 59 f.
Führungsautonomie 25, 27
Funktionsanalyse 39

Gewichtsfunktion 38, 42

Harmonische Regelung 34
Harmonisches Verhältnis 34
Hauptregler 7, 26
Hauptstrecke 7

Innerer Sollwert 35
Instabilität 14
Invarianz 24, 29

Kanonische Normalform 21
Kennwertermittlung 39
Korrelator 43
Korrelationsfunktion 42, 45
Korrekturglied 27

Mehrdimensionales System 33
Mehrfachregelung 6
Multivariables System 5, 23

Nebenstrecken 7
Negative Kopplung 7
n-fach-Regelung 22
Nichtentkoppelte Mehrfachregelung 33

Positive Kopplung 7, 8
process determining 37
process dynamick 37
process estimation 37
p-kanonische Normalform 21, 24

Rechner 49 ff, 53

Signalflußplan 6, 17
Stabilitätsbedingung 21, 23
Stabilitätsgrenze 21
Statistische Analyse 42
Störautonomie 24, 29
Störgrößenkompensation 34
Systemanalyse 34
Systemvariable 13

Testfunktionen 39
Totale Autonomie 32

Übertragungsfaktor 38
Übertragungsfunktion 18, 27, 59
Übertragungsglied 17

Verhältnisregelung 33
Vermaschung 12
v-kanonische Normalform 21, 24

Wechselseitige Kopplung 7 f.
Wendetangentenverfahren 40